马来记 刘玉亮 编著

# 护肤护发

## 全书

化学工业出版社

·北京·

想要拥有靓丽的皮肤和美丽的头发，从护肤护发开始吧。

《护肤护发全书》为您护肤美肤、护发美发提供了参考解决方案，让您在日常的头面部护理方面轻松应对。本书分为两篇对皮肤及头发两个大众关心 的内容进行了梳理和阐述。科学护肤篇，在介绍皮肤及化妆品基本知识之上，从清洁、保湿、防晒、美白、抗衰老，乃至日常皮肤问题给出了有针对性的解决方案，基本能满足人们对护肤及化妆品知识的要求。科学美发篇，从认识头发、护发美发到染发烫发，解决了大众关心的头发护理及美发问题。内容由浅入深，语言阐述简洁明了，有较强的可参考性。

本书可供使用化妆品的人员阅读，也可供从事化妆品行业的研究与销售人员参考。

**图书在版编目（CIP）数据**

护肤护发全书/马来记，刘玉亮编著.—北京：化学工业出版社，2020.5
ISBN 978-7-122-36336-7

Ⅰ.①护… Ⅱ.①马…②刘… Ⅲ.①皮肤-护理-基本知识②头发-护理-基本知识 Ⅳ.①TS974.11②TS974.22

中国版本图书馆CIP数据核字（2020）第034326号

责任编辑：袁海燕 仇志刚　　　　　　文字编辑：林 丹 沙 静
责任校对：宋 玮　　　　　　　　　　装帧设计：刘丽华

出版发行：化学工业出版社（北京市东城区青年湖南街13号　邮政编码100011)
印　　装：北京宝隆世纪印刷有限公司
850mm×1168mm　1/32　印张10　字数228千字
2020年9月北京第1版第1次印刷

购书咨询：010-64518888　售后服务：010-64518899
网　　址：http://www.cip.com.cn
凡购买本书，如有缺损质量问题，本社销售中心负责调换。

定　　价：68.00元　　　　　　　　　　　版权所有　违者必究

京化广临字 2020-07

# 科学护肤美发，秀出靓丽多姿

随着社会经济发展，化妆品不再是少数人使用的奢侈品，而逐渐成为大众人人享有的日用品。

工业化时代，由制造商通过广告介绍产品属性，宣传皮肤科学，显然已经不能够满足消费者需求。随着网络、信息时代的兴起，消费者已经能够方便地获得许多护肤知识。但是，新媒体传播的这些知识较零碎、不系统，有时使消费者在选择、使用化妆品，以及如何避免产品给皮肤带来安全风险等环节造成混乱。

根据消费者需求，作者综合了国内外皮肤科学知识、护肤和美发产品知识以及应用中常常遇到的问题，科学而系统地整理在一起，撰写出《护肤护发全书》，最大化地解决消费者日常护肤美发中遇到的问题。

本书包括上、下两篇。上篇为科学护肤，涵盖了五部分内容：在第一、二部分主要介绍了皮肤科学知识和化妆品基本知识；第三部分介绍了日常清洁、保湿和防晒三部曲；第四部分介绍了美白、抗衰老以及不同人、不同时间护肤的要点；第五部分则重点介绍消费者经常遇到的特殊皮肤问题与处理方法，及如何科学选择和使用护肤品。下篇为科学美发，涵盖了三部分内容：第一部分讲述了科学认识头发、常见头发问题以及护理方法；第二部分介绍了头发清洁产品、护发产品、定型产品以及使用方法，还介绍了如何选择发型；第三部分主要介绍人们常常关心的染发烫发产品与使用，并提出染发烫发的安全警示。

在本书稿写作过程中，感谢杜丽萍老师给出的编写意见，并绘制相关插图，感谢所有参考文献的作者，也感谢化学工业出版社相关老师的帮助。

由于阅读文献有限，文中可能出现描述不当之处，请专家、读者谅解并批评指正。

编著者

2019 年 11 月

目录

# 上篇　科学护肤篇

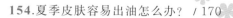

# 下篇　科学美发篇

## 一、我想拥有健康靓丽的秀发 / 175

上篇

科学护肤篇

**人**的生老病死是自然规律，人的皮肤从娇嫩变得苍老也是自然规律。

从出生到老年，皮肤不仅与机体一起衰老，还要遭受环境中物理、化学和生物等有害因素的侵袭而导致的衰老。因此，皮肤衰老涵盖了内源性（时间）衰老和外源性衰老的双重叠加。

在不同的年龄阶段，会出现不同的皮肤问题。婴幼儿时期的湿疹、皴脸，青少年时期的青春痘，青年人的细纹，中年人的皱纹、肤色不均，以及老年人的皮肤干枯、皱缩、色斑等，皮肤的变化均体现出了机体的变化过程。

防止和延缓皮肤衰老，尽量避免出现皮肤疾患，让人感觉更年轻、更美，从古至今、从中到外，都是每个人所追求的。

考古人员发现，远在公元前2000多年，人类就懂得了化妆美容和保养皮肤。人们最早使用的化妆品来自香料，并逐渐与药物合为一体，美容与治疗疾病相结合。相传化妆品源于古埃及，公元前5世纪就懂得用加了芳香物的油脂，涂抹全身去朝圣，以示虔诚。我国使用化妆品的历史也绵长悠远，从最早的《五十二病方》，到秦汉时期的《神农本草经》，以及隋唐时期的《备急千金要方》和《外台秘要》，宋代的《太平圣惠方》和《圣济总录》，明代的《普济方》和《本草纲目》，清代的《医宗金鉴》等。这些书籍记载了大量的美容方剂或治疗皮肤病的方剂。

随着科学技术的发展，现代化妆品的兴起，化妆品品质得到大大提高，更安全、效果更好且芳香怡人。随着对皮肤科学的深入，解决不同皮肤问题的产品相应而出，逐渐细分化。为此，市场上的护肤品可谓是琳琅满目，使消费者不知所选。

本篇在介绍皮肤科学知识和护肤品知识的基础上，主要介绍如何科学使用护肤品，希望广大读者通过本篇介绍的知识，能够使合理护肤的能力有所提高。

护肤，从了解自己的皮肤开始

了解皮肤科学知识，是用好、用对护肤品的基础。

大家常常对自己和周围人的皮肤进行"好"和"差"的评判，也会抱怨自己的皮肤状态不理想。为什么皮肤的肤质会出现"好"和"差"的表现呢？了解和熟悉皮肤的结构和功能，以及影响皮肤结构和功能的因素，会有助于理解皮肤"好"和"差"的原因。

## （一）皮肤基础知识

皮肤，是人体最大的器官，与外界环境直接接触，将机体与外界隔离开来。皮肤不但有效限制外界有害物质进入机体，还要避免体内的有益物质流出。当然，皮肤还是允许外界有益物质和体内代谢的废物有条件地进出。

归纳起来，皮肤有如下八大功能：屏障保护、吸收、代谢、呼吸、免疫、感觉、调节体温、分泌和排泄。

下面主要介绍皮肤的屏障保护功能、吸收功能和代谢功能。

# 1 皮肤的结构是怎样的？

皮肤占人体体重的5%～8%，若连同皮下组织重量则可达体重的16%。成人皮肤面积约为1.7m²。人的皮肤实际厚度一般为0.5～4.0mm（不包括皮下组织）。

当揪起自己的皮肤时，揪起的部分在解剖学中由外至里分为三层，即表皮、真皮和皮下组织。

表皮：厚约0.15mm，主要由角质形成细胞、少量的能够产生黑色素的黑色素细胞和起免疫作用的朗格汉斯细胞组成，细胞之间填充少量脂质为主的基质。在结构和功能上，表皮发挥保护机体的屏障作用。

真皮：层厚约1.1mm，主要是胶原纤维和弹性纤维组成的结缔组织，在纤维之间存在能够产生胶原纤维和弹性纤维的成纤维细胞，以及少量的免疫细胞。在真皮层有着丰富的毛细血管和神经末梢。在结构和功能上，真皮与表皮一起保护机体免受机械性损伤。

在真皮和表皮之间，有一层功能膜，叫作真表皮连接膜，也叫基底膜。

皮下组织：厚约1.2mm，多数为脂肪细胞填充，有着丰富的血管和淋巴管，是连接皮肤与机体的"桥"。

皮肤上还有毛发和毛囊，以及与毛囊伴随的皮脂腺，以及独立的汗腺。

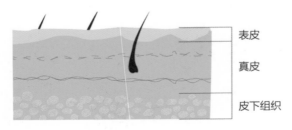

表皮

真皮

皮下组织

# ② 表皮的结构与组成是什么？

护肤品是被涂抹在表皮上，达到清洁、保湿、防晒、美白和抗衰老的目的，下面重点介绍表皮。

表皮，顾名思义，就是皮肤的最外层组织。

表皮通常可以分为四层，由外至内，分别为角质层、颗粒层、棘层和基底层。部分部位的表皮可以分为五层，即在角质层与颗粒层之间多了一层透明层，主要存在于手掌和脚掌部位。

表皮主要由角质形成细胞组成，占表皮细胞的90%以上。在表皮中还有其他一些功能重要的细胞，如黑色素细胞、朗格汉斯细胞、梅克尔细胞等，参与皮肤的健康和功能完整性。除此之外，还有游离神经末梢和感觉小体。

皮肤中的毛囊和皮脂腺，是由表皮凹陷形成的组织。

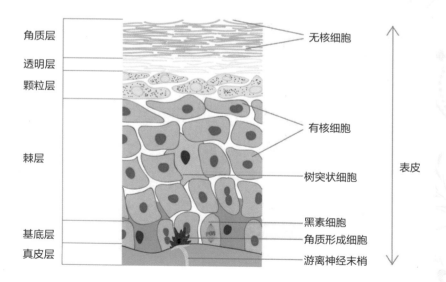

# 3 皮肤表面有皮脂膜，看不见，但功能很重要

空气闷热时，身上发潮、黏腻，说明身上有很多汗和油脂。

皮肤上的汗液、皮脂腺分泌的皮脂都在皮肤表面，与表皮脱落的或者已经崩解了的表皮角质细胞混合在一起，在居住在皮肤表面的微生物作用下，形成一层清澈、透明的脂质层，该脂质层覆盖在皮肤表面，是一种膜状结构，又以脂质为主，所以称为皮脂膜。

在立体显微镜下，前额皮脂膜的厚度在0.45μm左右。由于是透明的，所以是看不到的。在人体不同部位的皮肤上皮脂膜含量差异很大，不同区域间差异超过100倍。

皮脂膜对皮肤具有润泽、营养、机体最外面的抗氧化防护作用，为皮肤表面和皮肤深层提供酸性环境，维护微生态，适合

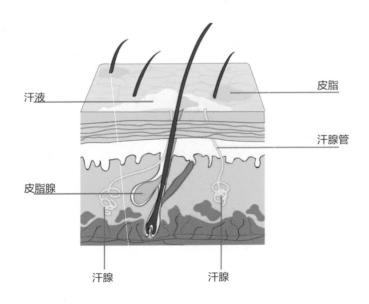

汗液

皮脂

汗腺管

皮脂腺

汗腺　　　　汗腺

皮肤代谢酶活性，对皮肤健康乃至机体健康具有重要的意义。所以，有学者认为皮脂膜才是机体防御外来入侵的第一道防线。

皮脂膜的多少，是判断皮肤类型为中性、干性、油性或者混合性皮肤的主要依据。

新鲜的皮脂膜对皮肤健康有益，如果长期暴露在恶劣的环境中，空气污染、紫外线照射等，皮脂膜中的物质也容易被氧化成有害物质，如角鲨烯就容易被氧化；过度清洁导致皮脂膜剧烈减少，均会造成皮肤类型发生变化，甚至出现"敏感皮肤"状态。

所以，皮肤需要经常清洁，但清洁后需要及时补充皮脂，呵护好皮脂膜。

# 4 皮肤表面居住着大量的微生物群

微生物无处不在，我们熟知的细菌即微生物的一种。由于皮肤直接与外界接触，皮肤表面栖居着大量的微生物群，包括细菌、真菌、病毒、衣原体等，甚至有些看不见的昆虫。它们主要居住在皮肤表面，少量居住在汗腺、毛孔、皮脂腺，极少数的病毒可以潜伏表皮细胞内。

科学研究发现，正常皮肤每平方厘米定居着大约100万个细菌，有上百种的类型。以往认为它们是"无用的"，甚至是"致病的"，近年来，随着对微生物分子生态学的研究，人类已经认识到微生物与皮肤甚至机体健康有着重要的关系。现在也将常说的微生物群与人的生态关系称之为"微生态"。

皮肤微生态与皮肤健康的关系很密切，主要表现为以下几点：

它们以皮肤分泌的皮脂、表皮脱落的细胞为"食物"，消化代谢，形成有利于皮肤健康的"皮脂膜"。将脱落的表皮细胞，降解为小分子物质，如氨基酸、维生素等，营养皮肤。微生物也有生老病死，死亡后的崩解物含有抗菌肽，或一些崩解物诱导皮肤产生抗菌肽，为皮肤抵抗外来致病菌起到积极作用。对皮肤健康有利的常驻菌，通常称为益生菌，排斥许多过路致病菌群。

越来越多的证据表明，皮肤微生态与皮肤健康具有密切的关系，同时各种皮肤问题的出现与皮肤微生态的紊乱有关，如痤疮、黄褐斑、特应性皮炎、尿布疹等。

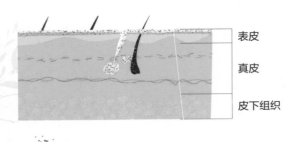

表皮

真皮

皮下组织

= 微生物

# 5 皮肤表面也有酸碱性

皮肤表面，有自己的酸碱性。正常情况下，依托皮脂膜维持皮肤表面pH值在4.5~6.5之间，呈弱酸性，对皮肤表面酸碱度刺激起到一定的缓冲能力，具有酸性屏障作用。

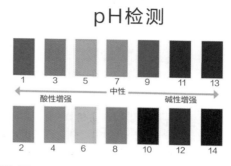

pH检测

酸性增强 ← 中性 → 碱性增强

皮肤表面pH值是皮肤的重要生理指标之一。皮肤的pH值因人种、性别、年龄和身体部位等不同而有差异。一般来讲，幼儿皮肤的pH值比成年人高，女子皮肤的pH值比男子稍高，老年人皮肤的pH值比幼儿和成年人都高。手背和背部较其他部位的pH值低，一般被衣物遮盖部位或汗水不易蒸发部位的pH值略高。

皮肤表面pH值的变化，可直接或间接地影响表皮细胞的代谢酶的活性。因此，它对于维持和调节皮肤正常的生理功能和自身稳定状态起着重要作用。临床研究发现许多皮肤病的发生与皮肤表面pH值的"失控"有关。

皮脂膜的pH值呈弱酸性，对碱性物质的侵害起缓冲作用，称为碱中和作用。皮脂膜对pH值在4.2~6.0的酸性物质的侵害也有一定的缓冲能力，称为酸中和作用。

一般致病微生物喜欢"碱性环境"，所以，正常皮肤的酸碱度能够有效地阻止致病微生物的生长。

许多科学家认为，略偏酸性的护肤品对皮肤健康具有积极作用。

# 6 皮肤颜色有差异

　　皮肤颜色，因种族和个体而异，也因年龄、地理环境、季节和身体部位而异。此外，它还受到健康、情绪和压力的影响。

　　皮肤的颜色主要受以下四个因素影响：①皮肤中黑色素细胞合成黑色素的含量和性质。②皮肤血管血流的颜色，静脉血液中脱氧血红蛋白使血液呈现深红色；动脉血中产生明亮的红色氧血红蛋白。③皮肤解剖学上的差异，主要是皮肤的厚薄，特别是角质层和颗粒层的厚薄。颗粒层厚，透光性差。④皮肤中色素基团，如脂褐素、胡萝卜素的含量，变性胶原蛋白等。

　　在上述四个影响因素中，黑色素含量的多少和性质是决定皮肤颜色的主要角色。由遗传基因所决定，不同人种皮肤黑色素细胞合成的黑色素性质和含量不一样。黑种人皮肤黑色素细胞主要合成真黑色素，白种人皮肤黑色素细胞主要合成褐黑色素，我们黄种人介于两者之间。

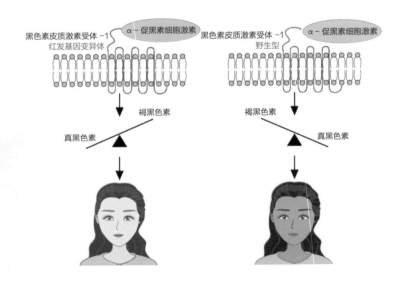

# 7 为什么说表皮更新为28天？

人类表皮的更新，即会产生皮屑，是一种生理性的自然现象。人人有皮屑，只是大小、多少不一而已。

在正常情况下，角质形成细胞是由位于基底层部位的皮肤干细胞分化而来，储备了大量的角质形成细胞，时刻准备着表皮的持续更新，但是只有15%的细胞持续参与这一过程，其余的细胞在原地"休息"，处于静息状态。

表皮更新的角质形成细胞，先分化为棘层和颗粒层细胞，逐渐成熟为角质层，直至脱落，这样一个过程称为表皮更替。它是一个渐进的过程，大约需要28天。角质形成细胞依增殖、分化和角化状态，可分为三个时期：增殖期、分化期和脱落期。

根据表皮分层，从基底层到棘层，大约需要14天；从颗粒层到角质层脱落，大约需要14天。

表皮更替的时间与许多因素相关，如年龄、身体部位、健康状态、季节等。

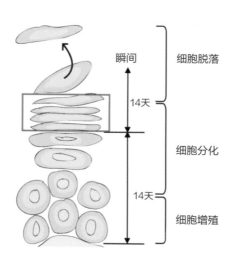

# 8 表皮层有什么功能作用？

　　表皮在人体的最外面，是将机体与外界环境隔开的第一道防线。

　　表皮不但具有限制水分随意进出机体的作用，它也限制外界其他物质，如细菌、污物、紫外线等进入，限制体内的营养物质流出。

　　表皮最外层——角质层，由角化了的角质形成细胞组成，避免机体触碰外界物体时擦伤、挫伤。表皮合成维生素D，促进机体健康；产生免疫蛋白，如"抗菌肽"，有效地预防皮肤感染。表皮吸收和反射紫外线，保护机体内在组织免受紫外线损伤。表皮中抗氧化物质和抗氧化酶，能够有效地抵抗由于紫外线、空气污染造成的皮肤内在氧化损伤。表皮对机体起到保温作用。表皮能够感知外界带来的压力、寒冷、疼痛、热量，某些情况下感知快感。表皮还能即时修复皮肤创伤，避免出现瑕疵。

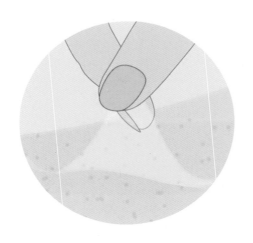

# 9 皮肤是如何吸收护肤品营养成分的？

美国科学家将皮肤表皮角质层比喻为"砖墙"结构，角化细胞为"砖"，细胞间质为"灰浆"。

俗话说，世界上没有不透风的墙。事实上，皮肤就属于一种"透风的墙"，不但能够通过汗液、皮脂分泌，具有排泄作用，还能够从外界吸收水分和营养物质，只不过是一种有限制性进出的结构。

各种各样的物质均可以通过皮肤吸收进入机体，主要有两种途径，一种途径是通过角质层细胞内和细胞间；另一种途径是通过毛囊皮脂腺和汗腺。其中毛囊皮脂腺和汗腺途径吸收的量，占总吸收量的1%。

化妆品中的脂溶性物质，如维生素A、D、E和K通过皮肤角质层吸收进入皮肤。水溶性小分子物质，如维生素C等可以进入皮肤，但是较大分子的水溶性物质不易通过角质层吸收。化妆品科学家通常使用高科技"脂质体包裹技术"对水溶性物质进行包裹，以利于皮肤对水溶性物质的吸收。

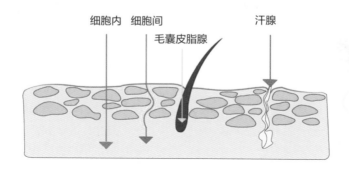

# 10 皮肤变化的生物节律

人的皮肤状态随机体激素水平节律变化而改变。

随着年龄的增长，皮肤由水嫩丰满，逐渐变得平淡甚至发展到干瘪无华，这是自然规律。事实上，在整个人生过程中，随着年龄的增长，机体内激素水平的变化，皮肤不仅逐渐变得老化，皮肤类型也会发生改变。

主要分为三大阶段：青春期前、青春期至更年期前、更年期后。由于青春期至更年期前体内激素的多变，导致皮肤类型发生变化，出现皮肤类型之间的转化。从青春期开始，无论男性还是女性皮脂腺的分泌均逐渐增加。16～20岁达到高峰，油性皮肤对于十几岁和20岁出头的人来说，很常见。女性在40岁、男性在50岁后皮脂腺分泌开始减少。男性皮脂分泌率高于女性，这种性别差异随年龄增长而下降。

季节、昼夜的变化，皮肤有自己的生物节律。

很多人也可能感受到季节对皮肤类型的影响。由于温度和湿度随着季节的变化而变化，影响着机体分泌汗液和皮脂数量、形成皮脂膜多少，导致皮肤类型的变化。

昼夜节律，以24小时的人体生理功能与行为波动调节，影响全身每一个细胞功能，从而使机体适应环境刺激和压力。就像身体的其他基本器官一样，皮肤同样存在节律，受到神经中枢的控制。除此之外，皮肤细胞存在外周时钟，可以独立工作。

白天，皮肤像人的整个机体一样，处于紧张的、时刻准备"战斗"的状态，皮肤的厚度最大、油脂分泌最多、能够最大化地保护皮肤自身和机体，但是白天皮肤的细胞增殖能力最低。

晚上，皮肤基本处于一种放松状态，开始对白天遭受的损失进行修复，打开屏障，调节微循环，促进吸收。因此，夜间的皮肤有着最高的DNA修复能力，细胞增殖速度最快，温度最高，皮肤渗透性最强，经皮失水率最高，血流最高。但是，由于夜间的安静，瘙痒程度表现得最强。

知道了皮肤的昼夜变化规律，你就可以很好地使用护肤品啦！白天保湿、防晒，晚上便要补充"营养"！

　　科学研究发现，皮脂腺分泌受许多因素影响，特别是激素。因此，不同人或同一人的不同部位，皮脂腺分泌状态不一样。有人皮脂腺活跃，分泌较多的油脂；有人皮脂腺不活跃，分泌的皮脂较少。所以，有人感觉自己的皮肤很油，有人感觉自己皮肤粗糙。化妆品行业一般根据皮肤表面油脂含量的多少，将皮肤分为干性皮肤、油性皮肤、中性皮肤和混合性皮肤四种类型。

# 11 皮肤有哪些类型？

　　化妆品科学工作者依据皮肤油脂分布状况和表皮含水量，以T形区及两颊为主要部位，将皮肤划分为干性、油性、混合性和中性四种皮肤类型。

　　值得注意的是，皮肤类型不仅与遗传、内分泌有关，皮肤状况容易受季节变化影响，夏季趋于油性，冬春季趋于干性。即使是中性皮肤，也是相对的，但也不能忽视护理，可依季节和自己的喜好使用各类护肤品。

干性皮肤　　　中性皮肤　　　混合性皮肤　　　油性皮肤

## 12 干性皮肤有哪些表现？

干性皮肤是指皮肤干燥、失去柔软和弹性，或有表皮脱落现象导致一定的不适。

皮肤干燥是角质细胞连贯性和功能紊乱的结果，浅层的角质层的水分不足，才表现为皮肤干燥。

《中国人面部皮肤分类与护肤指南》描述：

干性皮肤：角质层水分含量低于10%，皮脂分泌少，皮肤干燥、脱屑，细腻，无光泽，肤色晦暗，易出现细小皱纹，色素沉着。pH值>6.5。

此类皮肤与维生素A缺乏、脂类食物摄入过少、烈日暴晒、寒风吹袭、使用碱性肥皂等因素有关。

## 13 油性皮肤有哪些表现？

油性皮肤，也称皮脂溢出性皮肤，皮脂腺分泌旺盛，皮肤油腻，显得光亮。

科学研究发现，经过皮肤蒸发的水分，即经皮水分丢失量增加，使角质层的含水量低于20%。皮脂分泌过多使皮肤毛孔粗大，易黏附灰尘，藏留污垢，毛囊口出现黑点或黑头粉刺、疙瘩，面部皮肤油腻、发亮、弹性好，对日光等外界刺激有较强的抵抗力，不容易产生皱纹，但容易发生痤疮。

《中国人面部皮肤分类与护肤指南》描述：

油性皮肤：角质层含水量正常或降低，皮脂分泌旺盛，皮肤表面油腻、有光泽，毛孔粗大，易发生痤疮、毛囊炎。pH值<4.5。

此类皮肤常见于过多食用油脂性食物、B族维生素缺乏的人群，以及肥胖者和青年人。青春期皮脂腺功能旺盛，出现油性皮肤是很正常的，随着年龄增长，油性皮肤比同龄其他类型皮肤的人显得年轻，因为油性皮肤能保护皮肤的弹性，减少皱纹。

# 14 中性皮肤有哪些表现？

中性皮肤，应该是光滑、无瑕疵的。

根据皮肤的结构和功能，浅层细胞充盈，具有凝聚力，大量弹性纤维存在，支持组织形态，致密而柔软。平衡的皮脂生产，使皮肤表现为亚光。微循环网络功能完善，皮肤表现为鲜明的粉红颜色。

《中国人面部皮肤分类与护肤指南》描述：

中性皮肤：角质层含水量正常(10%～20%)，皮脂分泌适中，皮肤紧致、有弹性，表面光滑润泽、细腻，是标准的健康皮肤。pH值在4.5～6.5之间。

在现实生活中，皮肤符合所有这些特性只会在青春期之前。就化妆品而言，年轻的皮肤视为中性皮肤，结构和功能平衡，除了对其进行必要的清洗，无须关心其他。

# 15 混合性皮肤有哪些表现？

混合性皮肤指一个人同时存在着干性皮肤与油性皮肤的特点。皮脂、汗液的分泌是平衡的，但分布是不均匀的。通常额部、鼻部及下巴周围（T形区）呈现油性皮肤，油脂多，发亮；其他部分呈中性或干性皮肤的特点，皮肤红白细嫩，细腻平滑，颜色均匀，富有弹性，毛孔不太明显。

《中国人面部皮肤分类与护肤指南》描述：

混合性皮肤：一般是指面部T形区为油性皮肤，两颊为干性或中性皮肤。皮肤的外观不均匀，一些部位偏油性，一些部位偏干性。

能长时间保持青春期皮肤的特点，但30岁以后逐渐转为干性皮肤。此类型皮肤易受季节影响，冬天干燥，夏天油腻。混合性皮肤是敏感性皮肤高发的类型。

# 16 如何判断自己的皮肤类型？

化妆品科学家为了帮助人们弄清楚自己的皮肤类型，提出了简单的判断方法。

方法1：用一款适合正常皮肤的洗面奶洗脸，洗完后把皮肤擦干，然后至少半个小时不对脸做任何处理。半个小时后，去镜子前评估一下你的面部皮肤。

① 如果皮肤是片状起屑倾向的、紧绷感的甚至是粗糙感的，那么为干性皮肤。

② 如果皮肤发亮甚至油腻，则是油性的。

③ 如果半小时后皮肤感觉良好，触摸依然滑润，皮肤就是中性的。

④ 皮肤在某些地方可能会干燥，而在其他地方则会很油腻，这意味着为混合性皮肤。

方法2：在彻底卸妆30分钟后，将薄纸贴在前额、鼻子、两颊和太阳穴上，2分钟后拿下观察。

① 干性皮肤：纸上没有脂肪痕迹。

② 油性皮肤：纸上的脂肪痕迹面大，特别明显。

③ 中性皮肤：纸上的脂肪痕迹很淡。

④ 混合皮肤：纸上的脂肪痕迹不均匀，在中部最明显。

有些护肤品会标注使用说明，告诉你它适合什么样的皮肤类型，一定要注意观察。

# 17 人们常说的外油内干是怎么回事？

外油，说明你的皮肤是油性皮肤。内干，说明油性皮肤缺水。其实很多人不相信，因为油性皮肤的外观让人感觉有光泽、饱满，自己感觉皮肤有些油腻，富有弹性。

事实上，人们常说的"外油内干"现象是存在的。大家都知道"平衡"这样一个道理，皮肤表皮角质层中的水和油也存在相对平衡。当皮肤表面的油多了，皮肤内的水自然相应减少。

科学家研究发现，油性皮肤的表面脂质含量明显高于中性和干性皮肤，油性皮肤含水量明显低于中性皮肤，油性皮肤的经皮失水率明显高于中性皮肤。

另外，当皮肤表面油脂过多时，油脂会"倒流"进入皮肤。这些倒流进入皮肤的油脂会破坏皮肤表皮角质层的天然屏障，造成皮肤的经皮水分丢失量增加，同时，角质层中的油脂增加，使水分含量相应减少。

因此，即使是油性皮肤，也一定不要忽略给它补水。

## （三）我的皮肤有问题吗？

皮肤与机体一样，对体外环境和体内环境变化有着很强的耐受能力。但是，当遇到外环境和内环境变化超出皮肤或机体的耐受能力时，皮肤和机体将出现变化，轻者出现亚健康，重者出现疾病。怎样认识皮肤是否出现了问题呢？

# 18 随着年龄的增长，皮肤出现变化

如今有化妆品学者提出"理想皮肤"一词，意思是人们追求的一种皮肤状态。

青春期之前，也就是说14岁之前，可以使用"光洁无瑕""水润光滑"等词来形容皮肤。但是，人总会逐渐衰老的，随着年龄的增加和外界有害因素的影响，皮肤也会变"老"。

皮肤状态只是一种表现，随着年龄增长，皮肤自然老化和外界损伤的积累，皮肤的内部结构和功能渐渐发生变化。根据国内外皮肤科学研究报道，结合我国对女性按7岁为一个周期划分，总结出下表。

## 年龄增长与皮肤表现和病理生理基础的关系

| 年龄 | 皮肤表现 | 病理生理基础 |
|---|---|---|
| < 14 岁 | 完美的皮肤；光滑的皮脂质感 | 良好的修复能力，腺体活性较低，良好的皮肤水化 |
| ≥ 14 岁 | 青春痘、细纹出现，毛孔开始增大 | 皮脂腺分泌旺盛，皮肤修复能力略微下降，细胞更新率加快，皮肤水化能力稍微下降 |
| ≥ 28 岁 | 更多细纹和皱纹出现，出现眼袋，皮肤弹性稍微下降 | 胶原合成下降，纤维组织损伤积累，皮肤含水量下降 |
| ≥ 49 岁 | 更多皱纹，皮肤纹理紊乱、粗糙，皮肤暗沉，眼睑和两颊下垂 | 真皮纤维组织进一步降解，皮肤各层之间的黏合度下降，表皮变薄，皮肤倾向于干燥 |
| ≥ 56 岁 | 布满了皱纹和细纹，肤色斑驳，眼袋严重以及出现黑眼圈 | 真皮缺乏修复能力，出现大量受损的结缔组织，胶原和皮脂的产量低，黑色素增加 |

## 19 皮肤粗糙、没有光泽，是皮肤缺水了吗？

皮肤缺水，就会粗糙、没有光泽、脱屑甚至皲裂。为什么皮肤会缺水呢？

主要有三个因素：（1）皮脂腺分泌的油脂减少；（2）表皮角质形成细胞合成的脂质减少和成分变化（如脂肪酸、甾醇和神经酰胺），蛋白合成减少，进而形成的天然保湿因子减少，使皮肤水合能力减弱；（3）角质细胞之间的凝聚力退化，皮肤屏障功能的恶化，增加经皮水分的蒸发。

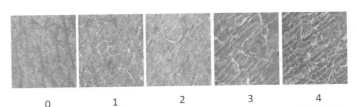

| 0 | 1 | 2 | 3 | 4 |

换句话说，皮肤缺水的原因，是由于皮肤表皮缺少了油脂和保湿成分等"肥料"，加上皮脂的缺乏和屏障的损伤，皮肤失去了储存水的能力。

## 20 皮肤晦暗无光、发黄是怎么回事？

东方人属于黄色人种，美丽健康的皮肤颜色应当是"红黄隐隐、白里透红"。

皮肤出现暗淡无光甚至发黄的现象，往往是生活不规律、工作紧张、护肤方法或习惯不好等因素所导致的。

没有良好的护肤习惯，加之气候变化，可能导致皮肤缺水，使皮肤变得粗糙、暗淡。这种状态也可能刺激黑色素细胞活跃，产生黑色素。

主要原因可归结于：生活不规律，精神紧张，引起皮肤血流不畅，导致皮肤代谢紊乱。皮肤代谢物（如胡萝卜素）堆积，血液中含氧血红蛋白减少，使皮肤表现得更加暗淡和无光泽。

科学研究发现，由于外在因素的影响，皮肤中呈黄色的变性胶原增加，进一步加深皮肤颜色。

# 21 出去旅游几天，回来后发现皮肤变黑了

细心的女孩会发现，几天不防晒，自己的脸蛋就变黑了。出去旅游几天，不防晒或使用防晒产品不当，脸蛋则明显变黑。

上述这些现象，主要归因于黑色素细胞受到阳光（主要是紫外线）刺激后，活性增强，合成黑色素增加，并极力将产生的黑色素小体转运到表皮细胞，使皮肤变黑、暗淡。

晒黑，是人类皮肤保护机体的一种本能反应。紫外线照射皮肤，可以引起表皮细胞产生细胞因子，这些细胞因子"传话"给黑色素细胞，启动合成黑色素，以吸收多余的紫外线，免得对机体产生损害。也就是说，黑色素细胞合成的黑色素，能够遮挡紫外线，并且产生的黑色素小体被转运到表皮细胞内，都集中在表皮细胞核朝阳光一面的上方，以最大化地保护细胞核免受紫外线造成的损伤。

当过量暴露紫外线，紫外线会引起皮肤衰老，严重时引起皮肤癌。你或许听说过，由于白种人皮肤黑色素含量低于黄种人和黑种人，因此白种人的皮肤癌患病率远远高于黄种人和黑种人。

所以说，出去旅游几天，皮肤晒黑是一种正常的生理保护现象，以后再出去旅游，切记用好防晒产品。

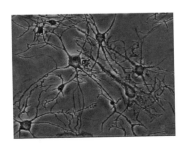

体外培养的正常表皮黑色素细胞（原代细胞）

# 22 为什么我比别人容易晒黑？

在生活中，你或许发现，同样出去旅游，为什么我的伙伴就没有像我这样晒得那么黑？

这种现象，很大程度上与遗传因素有关。这里所说的遗传为表观遗传。表观遗传学是指基于非基因序列改变所致基因表达水平变化，如DNA甲基化和染色体构象变化等。在皮肤科学界，有这样一种皮肤类型，叫作皮肤日光反应类型。

根据《中国人面部皮肤分类与护肤指南》描述：

皮肤日光反应：根据初夏上午11点日晒1小时后，皮肤出现晒红或晒黑反应分类。

① 日光反应弱：皮肤日晒后既不易晒红也不易晒黑。

② 易晒红：皮肤日晒后容易出现红斑，不易晒黑，基础肤色偏浅。

③ 易晒红和晒黑：皮肤日晒后既容易出现红斑又会晒黑，基础肤色偏浅褐色。

④ 易晒黑：皮肤日晒后容易晒黑，不易出现红斑，基础肤色偏深。

判断一下你属于哪种类型，或许对你选择防晒产品有一定帮助。

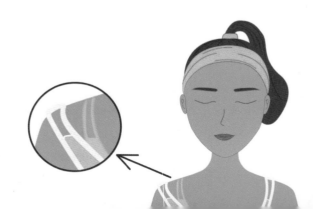

# 23 面部皮肤色素沉着是怎么回事？

色素沉着，是指由于种种原因而致皮肤呈现不同颜色、不同面积大小及不同深浅的色素变化。

中国人大多为黄种人，容易出现深浅不一的色素沉着。

根据《中国人面部皮肤分类与护肤指南》，色素斑点占面部皮肤的比例，分为以下四级。

① 无色素沉着：面部肤色均匀，无明显色素沉着斑。

② 轻度色素沉着：色素沉着少于面部1／4，呈浅褐色。炎症及外伤后不易留色素沉着。

③ 中度色素沉着：色素沉着大于面部1／4，小于1／3，呈浅褐色到深褐色。炎症及外伤后可留色素沉着，消失较慢。

④ 重度色素沉着：色素沉着大于面部1／3，呈深褐色，炎症及外伤后易留色素沉着，且不易消失。

一般18岁以前出现的面部色斑，如雀斑，就可能与遗传有关。特殊生理时期及情绪变化，如妇女在经期、孕期时刺激，会引起色斑或色斑加重。还与皮肤每天暴露在阳光下、空气污染、皮肤保养的习惯等均有关。

## 24 才20多岁，脸上怎么就有细纹啦？

细纹的组织学变化，仅仅生在表皮层，与真皮层无关。

细纹的化学变化，皮肤脂质缺乏，天然保湿因子减少，水分流失。最新研究发现，角质形成细胞合成的角蛋白的变化，与细纹产生有着密切关系，当然，也与皱纹相关。

面部细纹的出现，往往预示着你的皮肤缺乏护理。由于面部皮肤暴露在外面，风吹日晒、空气污染以及化妆品使用不当，均可损害皮肤，导致皮肤屏障紊乱、水分流失、细胞功能紊乱，从而产生细纹。20多岁，皮肤具有较强的修护机制，在合理的皮肤护理下，皮肤细胞和屏障功能是可以恢复的。

你需要制订一个护理方案，经过细心护理，即良好的清洁方式、合理的保湿滋润及防晒保护，短时间即可恢复正常。如果你对面部细纹的出现熟视无睹，它可能继续发展为皱纹，甚至是一种不可逆的、涉及真皮组织变化的皱纹。

# 25 刚刚30岁，怎么感觉皮肤弹性那么差？

研究表明，皮肤弹性由皮肤胶原纤维、弹性纤维及其数量和排列关系决定。

专家研究发现，青春期结束后，皮肤胶原纤维、弹性纤维等总胶原每年以1%的速度减少。理论上来说，30岁时的总胶原数量减少并不太多，不至于导致皮肤弹性变差。

另外，皮肤弹性不仅与胶原含量有关，还与它们的排列方式有关。外界环境（如紫外线），促进皮肤胶原蛋白和弹性蛋白降解，表现为弹性纤维进行性变性、增生、变粗、卷曲及形成浓染的团块状聚集物，锚纤维几乎消失，皮肤弹性和顺应性亦随之丧失。所以，一直以来是否做到科学护肤，是决定皮肤弹性的关键因素。

# 26 随着年龄增加，皱纹越来越多了

出现皱纹，就预示人要老了吗？

其实，皱纹在幼年时期已经以非常细的短线形式而存在，只是不容易被我们的肉眼所识别而已。随着年龄的增长而变得更长、更深。特别是与表情有关的皱纹，如法令纹、抬头纹、鱼尾纹等，出现比较早。这些较早出现的皱纹，由于个人习惯不一样，个体间的差异很大。

皮肤科学专家按照皱纹是否可以被消除分成两类：假性皱纹（隐性皱纹）和真性皱纹（显性皱纹）。

假性皱纹，又称隐性皱纹，常称之为细纹（同20岁前出现的细纹，在这里讲述的目的主要是对假性皱纹与真性皱纹作比较），主要发生在25~35岁的人群，常分布在眼部、嘴角周围的又细又短的皱纹。主要原因包括日晒、习惯性表情、肌肤缺水、工作压力、生活不规律、睡眠不足、经常化妆，还有可能是过度减肥导致皮下脂肪减少而引起的。假性皱纹通过专业的护肤疗程或长期坚持不懈地使用护肤品就可以改善。日晒是皮肤产生

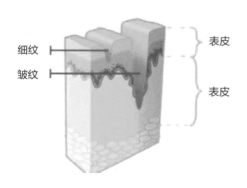

细纹 —— 表皮

皱纹 —— 表皮

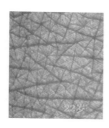

假性皱纹的一大主因，过量的紫外线会使皮肤水分流失，表皮干燥并形成小断裂，反映在脸上就是那一条一条细小的皱纹，这种因为干燥形成的皱纹，也被称为"干纹"，纹理较浅，是20多岁的年轻人首要的肌肤问题。

真性皱纹，又称显性皱纹，35岁开始，特别是45岁以后的人群，额头纹、法令纹、鱼尾纹纷纷出现，随着肌肤变松弛，皱纹逐渐加深。一般从额头开始出现抬头纹，接着眼部出现鱼尾纹，随后耳前、耳后、下颌和颈部都出现皱纹。皱纹是女人的"天敌"，但每个人都难以完全阻止岁月的流逝。大约从35岁开始，人的新陈代谢开始减慢，皮脂腺和汗腺功能慢慢衰退，支撑起皮肤表面的内部弹力纤维逐渐耗竭，造成皮肤内部向外的张力不断减少，皮肤弹性丧失，局部区域开始沉陷，于是皱纹产生并日趋明显。特别是皮肤更薄、弹力纤维更少的眼周区域，容易出现鱼尾纹、眼睑松弛等问题。

敏感性皮肤在人群中的发生率相当高。国外研究显示，一半以上的人认为自己是敏感性皮肤，如在日本、欧洲和美国一项15000人的大型问卷和回顾研究中表明，敏感性皮肤在女性中占近50%，在男性中占30%。我国相关研究也显示约46%的女性和30%的男性是敏感性皮肤。

# 27 什么是敏感性皮肤？

《中国敏感性皮肤诊治专家共识》给出的定义：敏感性皮肤，特指皮肤在生理或病理条件下发生的一种高反应状态。

主要发生于面部，临床表现为受到物理、化学、精神等因素刺激时皮肤易出现灼热、刺痛、瘙痒及紧绷感等主观症状，伴或不伴红斑、鳞屑、毛细血管扩张等客观体征。

注：物理因素，如紫外线、气温和天气；化学因素，如化妆品、肥皂、水和污染；精神因素，如压力、睡眠不足等或者与内分泌有关的如月经周期等引起皮肤针刺、烧灼、疼痛或瘙痒。

物理因素

化学因素

精神因素

## 28 你知道皮肤类型与皮肤敏感的关系吗?

　　根据对北京市青年大学生皮肤类型与皮肤敏感的关系研究表明,混合性皮肤人群中50%有皮肤敏感问题,发生率最高;其次为油性皮肤人群,有39.46%为敏感性皮肤;干性皮肤中有35.16%的人为敏感性皮肤;中性皮肤中有32.56%的人为敏感性皮肤。

　　油性和混合性皮肤,多处在青春期,这一年龄阶段最受困扰的皮肤问题是痤疮,为了控制痤疮,这一年龄阶段人群在皮肤护理上有过度清洁的趋势,而过度清洁必然破坏皮肤屏障功能。尤其是混合性皮肤,过度清洁导致其两颊部位屏障功能严重破坏。此外,治疗痤疮的药物或护肤品,都会进一步损伤皮肤屏障功能。以上这些都会导致皮肤敏感。

　　这一年龄阶段的消费者护肤时,一定要强调避免过度清洁,混合性皮肤还需要注意分区护肤。

# 29 如何判断自己是否为敏感性皮肤？

认为自己是敏感性皮肤者，基本上有如下的自我感觉和日常经历。

自我感觉：皮肤时常有紧绷感、干燥感、刺痛感、灼热感、皮肤痒等。

日常经历：出汗后，有时感觉皮肤刺痒；皮肤接触不良物质（包括洗面奶或沐浴液）后，会出现泛红并伴有刺热或刺痛感，甚至在使用化妆品后也容易泛红并伴有刺热或刺痛感觉。

往往在季节变化、身体疲劳、心理压力较大以及来月经时，上述自我感觉和日常经历变得更明显和频繁。

# 30 化妆品引起的皮肤过敏是什么感觉？

化妆品，是一种原料以上组合而成的产品。尽管国内外对化妆品原料和成品都有着严格的安全评价过程，但是，不同的人，或同一个人在不同季节、不同生理周期等，皮肤状态是不一样的。对于敏感性皮肤者来讲，使用化妆品存在着更大风险。

再者，化妆品原料名录中某些成分本身存在着一些在某种浓度下可能引起皮肤刺热、刺痛和刺痒的作用，所以很多化妆品使用者或多或少都经历过"化妆品过敏"。如果遇到使用化妆品后有刺热、刺痛和刺痒感觉，建议更换产品，因为这就表明你对这种化妆品中的某些成分敏感。当然，其他人使用这种化妆品可能没有问题，因为别人可能比你的耐受性强。

如果使用化妆品后，皮肤不但出现刺热、刺痛和刺痒，有紧绷的感觉，还出现红肿，几天后皮肤出现脱屑，甚至出现丘疹、痒疹等，那么是发生了"真正的过敏"，必须立即停用！

## 31 某些皮肤疾病也会导致皮肤敏感，你知道吗？

　　痤疮导致的敏感性皮肤：主要原因之一是皮脂分泌过多，皮脂分泌旺盛的部位具有较高的敏感性，容易在外界刺激下出现皮肤屏障功能受损导致敏感。

　　激素依赖性皮炎导致的敏感性皮肤：长期使用糖皮质激素可引起皮肤干燥，抑制表皮脂质合成，破坏角质层完整性，破坏皮肤屏障功能，导致皮肤处于敏感状态。有研究表明，患激素依赖性皮炎的人的皮肤表皮细胞间的3种生理性脂质成分（胆固醇、神经酰胺和游离脂肪酸）均会减少。

　　特应性皮炎和干燥性湿疹导致的敏感性皮肤：这两种疾病均是以表皮的神经酰胺为主的生理脂质减少，导致皮肤屏障功能损害，从而出现皮肤敏感现象。

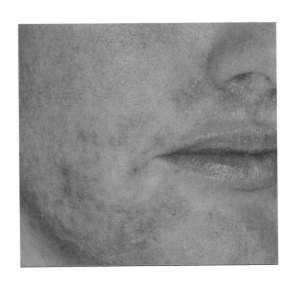

# 32 哪些因素影响皮肤的健康？

科学家将与衰老相关的因素分为两类：一类是内源性因素，如遗传（基因）、年龄等，这类因素是人人都不能够避免的。另一类是外源性因素，如居住环境、工作环境、生活习惯等。外源性因素对影响皮肤衰老进程的贡献占80%，内源性因素仅仅占20%。

既然内源性因素是父母给的，我们很难改变，在这里我们讨论一下外源性因素对皮肤的危害。

紫外线：在引起皮肤衰老的外源性因素中，紫外线引起的危害占80%。

精神压力：压力能够通过多种方式影响皮肤状态，造成皮肤干燥、松弛和老化等。压力对机体的影响包括：①影响机体氧化和抗氧化功；②影响机体激素和神经介质水平；③降低机体免疫功能；④影响大脑神经元结构。中医所说的七情，怒、思、喜、忧、悲、惊、恐七种情志活动，能够引起机体失去平衡，影响体内环境，从而皮肤健康状况发生变化，严重时引起皮肤疾病。

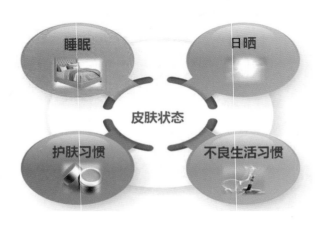

生活习惯：吸烟，香烟烟雾、颗粒物等为主要污染因子，能够促进角鲨烯的氧化。

环境：气候的气温、气流、气湿对皮肤健康也有影响。寒冷、干燥、多湿的环境可使角质层失水过多，使皮肤干燥，促进皱纹生成。与环境污染相关的皮肤疾患有：皮疹、湿疹、过敏、晒斑、接触性皮炎以及相关的皮肤衰老症状（暗沉、干燥、细纹增加、皮肤松弛等）。

## （五）什么样的皮肤问题，需要看医生？

皮肤不仅体现年龄大小、自身美貌，皮肤还是机体健康状况的"晴雨表"，可以通过皮肤看出个体的营养和健康状况。我国传统医学著名的诊断方法是"望闻问切"，其中"望"就涵盖了观察皮肤状态以及人的精神面貌等，根据不同部位皮肤颜色和状态的变化，判断出疾病的根源所在。

## 33 皮肤出现哪些问题是必须看医生的？

许多脏器疾病，往往可以表现在皮肤上，如：

① 皮肤突然无名原因发黄，可能是肝脏问题；

② 皮肤严重发黑，可能是肾脏出了问题；

③ 在没有睡眠不足的情况下，出现疲乏和眼圈发黑，应当检查一下是否有高血糖等。

皮肤出现下列情况，也需要看医生，以免引起严重后果，如：

① 痤疮根据其严重程度可以分为非炎症性痤疮（微粉刺、白头粉刺、黑头粉刺）和炎症性痤疮（炎性丘疹、脓包、囊肿、结节）。原则上，炎症性痤疮必须看医生，以免引起难以消除的痘印。

② 严重的皮肤过敏，瘙痒严重，出现丘疹，表皮脱落，有时出现渗水，要去看医生，以免出现大面积感染。

③ 色素痣在短期内迅速长大，色素突然加深，痣周围出现小痣，痣出现感染、疼痛、出血和溃破等现象，要及时去看医生，以免发生恶化或癌变。

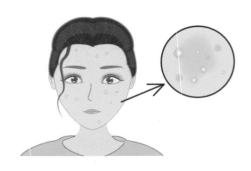

化妆品的发展，基本经历了这样一个过程：①古朴化妆品，成分天然，如使用香料、天然油脂、矿物粉等；②随着石油工业的发展，乳化剂的发现并在化妆品中应用，可视为现代化妆品的雏形；③天然活性成分的提取技术的进步，促进化妆品细分化，保湿、美白、抗衰老产品出现；④生物工程技术的发展，可以人工合成皮肤中的有效成分，走进仿生技术时代。

　　随着科学技术的进步，人们对皮肤生命科学认识的发展，化妆品将走向精准服务，从小众化服务发展到个性化服务。

## （一）化妆品

　　1830年江苏扬州的"谢馥春"、1862年杭州的"孔凤春"，是我国化妆品行业的开拓者。1898年中国第一家现代民族化妆品企业诞生，名叫"广生行"，也就是上海家化的前身，这标志着现代化妆品工业在中国的确立。

## 34 什么是化妆品？

　　我国对化妆品定义：化妆品是指以涂擦、喷洒或者其他类似方法，散布于人体表面任何部位（皮肤、毛发、指甲、口唇等），以达到清洁、消除人体气味、保养、美容和修饰目的的日用化学工业产品。

　　目前我国的化妆品分为特殊用途化妆品和非特殊用途化妆品两大类，其中，特殊用途化妆品分为育发、染发、烫发、脱毛、美乳、健美、除臭、祛斑（美白）、防晒共九类产品。

护肤护发全书

## 35 人们常说的护肤品指的是什么？

护肤品即护肤化妆品，是对皮肤具有保护作用的化妆品。护肤品能充分提供皮肤水分和脂质，恢复和维持皮肤健美，保持皮肤良好的湿润状态，尤其能抵御环境（风沙、寒冷、潮湿、干燥等）对皮肤的侵袭。

可分为清洁皮肤、保护和营养皮肤的护肤品。

主要作用是清洁皮肤，调节与补充皮肤的油脂，使皮肤表面保持适量的水分，并通过皮肤表面保护和营养皮肤，促进皮肤的新陈代谢。

随着年龄的增长，人体的各个器官和身体各个部位的皮肤都会衰老，由于面部皮肤常年裸露在外面，会出现很多皮肤问题，如皮肤干燥，出现皱纹和粉刺，肤色暗淡、无光泽等。为此，护肤品逐渐延伸出有功能性的产品，除基本的保护、滋润皮肤外，还有美白、抗衰老、祛痘、祛斑等产品。

# 36 护肤品的成分知多少？

护肤品成分，即常说的原料，是护肤产品的物质基础。

随着科学和技术的进步，使用的原料种类和来源越来越多，它们的功效性和安全性受到人们的关注。现在的化妆品原料具有严格的使用规定，详见我国2015年颁布的《化妆品安全技术规范》（2015年版）。

每一种化妆品都由数种至数十种的成分所组成，这些成分及其作用如下表。

| 成分 | 作用 |
| --- | --- |
| 水 | 作为溶剂，补充皮肤水分 |
| 润肤剂 | 使皮肤有润滑感，封闭皮肤内水分 |
| 乳化剂 | 使水溶性与油溶性物质混溶 |
| 增稠剂 | 增加产品稳定性（不分层、不析出） |
| 防腐剂 | 防止产品在使用过程中出现"第二次污染" |
| 抗氧化体系 | 防止产品酸败 |
| 香精 | 产生令人愉快的气味 |
| 色素 | 大多用在彩妆产品中 |
| 固体粉状原料 | 遮盖、收敛、防晒 |
| 特定功能成分 | 保湿、美白、抗衰老、防晒等 |

## 37 什么是润肤剂？

润肤剂，是指能够帮助皮肤保持柔软、光滑和弹性的化妆品组分，通常为大分子、脂质和蜡类成分。

润肤剂，可保留在皮肤表面形成膜性结构，起到封闭和润滑作用。部分可以渗透进入角质层，补充角质层流失或已经缺乏的脂质。通常填充皮肤表面的空间，代替在角质层内损失的脂质，减少鳞片状皮肤，改善皮肤外观。

绝大多数润肤剂能在皮肤表面形成一层疏水薄膜，能够停留在皮肤表面或角质层中，防止皮肤水分蒸发，达到润泽作用，使皮肤柔软、有光泽。由于润肤剂具有防止皮肤水分蒸发的功能，有时也被称为封闭剂。

润肤剂主要有以下功能：

① 补充或替代皮肤天然脂质；

② 具有良好的可铺展性，为皮肤提供护理和保护；

③ 改善皮肤外貌，使皮肤平滑、有光泽；

④ 润泽皮肤，向角质层输送水分；

⑤ 增加配方体系的稳定性，促进活性组分的溶解和缓释；

⑥ 形成膜性结构，防止经皮水分丢失；

⑦ 调节配方的稠度和外观。

# 38 什么是防腐剂？在化妆品中起什么作用？

防腐剂是指天然或合成的化学成分，适用于食品、化妆品、药品、颜料、生物标本等，以延迟微生物生长或化学变化引起的腐败。

化妆品防腐剂是指以抑制微生物在化妆品中的生长和繁殖为目的而在化妆品中加入的物质。

化妆品中使用防腐剂的目的，并不是控制制造过程中微生物的污染，而主要是抑制化妆品可能有的微生物的生长和繁殖，保持化妆品的性质稳定，防止消费者使用时可能引入的微生物在产品中繁殖，进而腐败。

理想的防腐剂要求：无色、无臭；低浓度下起作用；具有广谱抗菌活性；与化妆品原料相容性好；在所有pH值范围内均有活性；对人体和环境安全。

常见防腐剂有：羟基苯甲酸及其盐类和酯类、山梨酸钾、苯氧乙醇、咪唑烷基脲等。

## （二）市面上常见护肤品类型

随着经济发展和科学技术的进步以及人们的需要，护肤品从传统的保湿产品，逐渐细分化，功能上出现美白、抗衰老、祛痘等，剂型上出现水、乳、霜、膏、凝胶等。尽管现在网络信息很发达，广告比比皆是，但这些护肤品的信息还是比较碎片化、不系统。以下从不同功能和剂型，对常见护肤品进行详细介绍。

# 39 清洁产品种类有哪些？

人不仅仅使用护肤品，为了美化自己也使用彩妆。由于日常护肤产品和彩妆对皮肤"亲和"程度不一样，化妆品科学家开发出了以下不同的清洁产品。

一般清洁产品：针对水溶性污染物、油溶性污染物、水油兼容性污染物。

卸妆产品：针对油溶性污染物。

去角质产品：剥脱死去的皮肤角质。

对清洁皮肤用化妆品的要求：有一定的去污能力，性能温和，刺激性小，并兼有一定的护肤作用。

# 40 常见的护肤类化妆品都有哪些类型？

目前人们最常用的护肤类化妆品，按剂型可分为霜、乳、水、凝胶以及面膜等。

根据成分和制作工艺技术可以分为三类：乳化类，霜和乳；水类，水和凝胶；面膜，介于前两者之间。

霜和乳：是由油和水组成的，在乳化剂的作用下，经过不同的工艺技术，形成霜或乳。

将油相加入水相得到的产品为水包油型（O/W）。将水相加入油相，接着进行均质乳化，然后降温。将水相加入油相得到的产品为油包水型（W/O），产品往往比较厚重，是以膏状的形式为主，如卸妆使用的霜、宝宝使用的护臀膏等。

水和凝胶：水和凝胶均为水和水溶性成分组成。水与凝胶之间的区别在于在水中加入增稠剂即为凝胶。

面膜：使用纸质、无纺布等材料承载护肤液体。这些液体包括：水剂的、凝胶体系的、轻薄乳液体系的等。

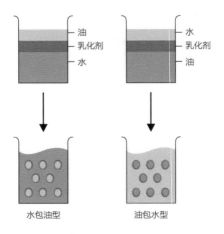

## 41 洗面奶有哪些类型？

由于使用方便，洗面奶深受消费者喜爱。市面上的洗面奶有很多类型。

① 泡沫型洗面奶：含有表面活性剂，通过表面活性剂对油脂的乳化而达到清洁效果。

② 溶剂型洗面奶：这类产品是靠油与油的溶解能力来去除油性污垢的，它主要针对油性污垢，如卸妆油、清洁霜等。

③ 无泡型洗面奶：也称乳化型洗面奶，这类产品结合了泡沫型洗面奶和溶剂型洗面奶的特点。含有表面活性剂，也添加了适量油分。

| 类型 | 名称 | 主要成分 | 特点及功用 |
|---|---|---|---|
| 泡沫型洗面奶 | 表活体系洗面奶 | 普通表面活性剂 | 透明状或流动的乳液状，清洁效果适中，泡沫丰富度一般 |
| | 皂基体系洗面奶 | 脂肪酸皂 | 稠厚的膏状，清洁力强，泡沫丰富，主要适用于油性皮肤 |
| | 单烷基磷酸酯体系洗面奶 | 单烷基磷酸酯 | 产品外观与普通洗发水一致，清洁效果介于表活体系洗面奶和皂基体系洗面奶之间，清洁力比表活体系洗面奶强，泡沫也丰富一些 |
| | 烷基糖苷体系洗面奶 | 烷基糖苷类表面活性剂 | 清洁效果与表活体系洗面奶相近，温和型，泡沫丰富，肤感好，可应用于儿童 |
| | 氨基酸体系洗面奶 | 氨基酸表面活性剂 | 产品清洁力较好，泡沫丰富，无皂基体系洗面奶的紧绷感和干燥感，用后滋润感较强。两种性质：膏状和液体状 |
| 溶剂型洗面奶 | 溶剂型洗面奶 | 白油、凡士林 | 靠油与油的溶解能力来去除油性污垢，它主要针对油性污垢，如卸妆油、清洁霜等 |
| 无泡型洗面奶 | 无泡型洗面奶 | 含有表面活性剂，也添加了适量油分 | 也称乳化型洗面奶，这类产品结合了泡沫型洗面奶和溶剂型洗面奶的特点 |

## 42 卸妆产品有哪些？

卸妆，顾名思义，就是将涂在脸上的彩妆（化妆品）卸下来。

所谓彩妆，主要包括底妆、定妆、眼线、眼影、睫毛膏、修颜、腮红、唇彩。彩妆也是由基质原料加上其他如抗氧化剂、防腐剂、香料、表面活性剂、保湿剂、色素及皮肤渗透剂等组成。基质原料主要是油性原料、粉质原料、溶剂类原料和胶质原料四大类。鉴于彩妆的属性，能够长时间留置在上妆部位，往往是防水的，所以需要使用专用的清洁产品——卸妆产品。卸妆产品包括以下几种：

卸妆油：①不含表面活性剂的卸妆油，如含有石蜡、凡士林、白油的卸妆油。②含表面活性剂的卸妆油，如除含有石蜡、凡士林、白油外，还含有表面活性剂的卸妆油。

卸妆霜（乳）：具有水、油两相，是油包水（W/O）剂型，经过乳化，形成卸妆霜或乳。

卸妆水：卸妆水是通过产品中的非水溶性成分与皮肤上的污垢结合，达到快速卸妆的目的。相比其他产品，卸妆水中的大多数水分还可以保证肌肤的含水量，令肌肤清爽水嫩。

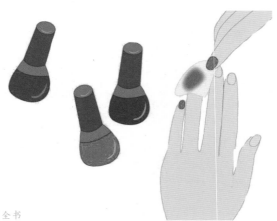

# 43 眼部要用专属卸妆产品

　　眼部的彩妆多半具有防水效果，所以，眼部专用的卸妆产品多是含有亲脂性成分的。

　　由于在嘴唇上使用的口红也多是防水型的，所以市面上眼唇部专用卸妆产品居多，并且多为液体，称为眼唇卸妆液。

　　常见的有两种剂型：一种是液体状的，另一种是油水分离式的。油水分离式的在使用前需要摇匀，再倒在化妆棉上，卸厚重眼妆时先敷20～30秒，确保眼部彩妆被慢慢地溶解后，再轻轻擦拭，就可以卸得非常干净。

　　眼部是整个面部皮肤中最脆弱的部位，需要好好保护。所以，现在的眼唇卸妆产品中，也会添加许多保湿成分，能够保护眼皮在卸妆的过程中不会干燥。

## 44 你了解去角质产品吗？

大家都知道，皮肤表皮细胞从皮肤深处"出生"开始，经过分化，直至死亡，约经历28天，有些死细胞自然脱落，但有些死细胞"赖"着不脱落，导致皮肤厚度增加，皮肤出现粗糙、暗沉、发黄等现象。

去角质也是去"死皮"。

去角质的好处：

① 去除皮肤的老化死旧细胞和粗糙角质，皮肤显现出细嫩光滑的质感；

② 去除皮肤表面覆盖的黑色素，使肤色变白，更有光泽；

③ 使护肤品吸收更有效，更容易达到功效。

去角质产品作为清洁产品的一种，主要分为以下几种类型。

物理性去角质：主要包括各种坚果颗粒（胡桃、杏仁等）、谷物颗粒（燕麦、米糠等）以及天然水晶、矿石的粉末等。这些成分是通过摩擦去除死亡的角质细胞，从而达到深层清洁皮肤的目的。优点是不刺激、温和。

化学性去角质：主要是由水杨酸、果酸、维甲酸等组成。该类化妆品原料本身能够促进表皮的更新、真皮层内胶原纤维的生长和合成胶原的增加。因此，该类去角质产品不仅可以去角质，还对消除黑斑、暗疮及改善皮肤表面粗糙很有效果。

蛋白酶性去角质：一般是植物蛋白酶，如木瓜蛋白酶、菠萝蛋白酶等。其缺点是效果要弱些，但是最温和、刺激小的去角质产品。

## 45 什么是化妆水？

化妆水，一般呈透明液体状。

化妆水更着重于保持皮肤水分均衡，控制油脂积聚，营养皮肤，清除皮肤表面的过氧化脂质和活性酯酶，使皮肤清凉、爽洁。化妆水在基础护肤中起承前启后的作用。

通常是在使用洁面产品后，为达到给皮肤的角质层补充水分，调整皮肤生理作用的目的而使用。

化妆水根据其使用目的可大体分为柔肤水、收敛水、爽肤水，除此以外还有很多其他的化妆水。根据剂型可以分为水剂、分层型、凝胶、喷雾等。

柔肤水：以保持皮肤柔软、湿润、营养为目的，添加多种保湿成分，一般呈微碱性。

收敛水：透明或半透明状，用以抑制皮肤分泌过多的油分和调节肌肤的紧张，含有作用温和的收敛剂，有清爽的使用感，一般呈微酸性。

爽肤水：卸除淡妆或含有油脂成分的污染物，清洁皮肤，一般用水、酒精和清洁剂配制而成，使皮肤松快、舒适和清洁。一般呈微碱性。

其他：赋予不同功效的化妆水，如美白、抗皱、抗炎、晒后舒缓等；不同剂型的如添加油分、粉末的分层型化妆水；稀凝胶型化妆水、喷雾水。

# 46 保湿产品的作用

干燥的皮肤，就像干旱的大地一样，需要"灌溉"（补水）、施肥（赋予细胞营养，调节细胞代谢）、罩膜（封闭作用）。

保湿产品含有：润肤剂（也称为封闭剂），主要为油脂；保湿剂，具有吸水性的低分子量物质，如天然保湿因子。

不论什么剂型的保湿产品，使用到皮肤上后，均能形成厚薄均匀的人工膜，类似于我们皮肤上天然的"皮脂膜"，弥补了皮脂腺分泌不足导致的皮肤干燥感。

伴随着皮肤对水的吸收，保湿剂被皮肤吸收，使干燥的皮肤得到良好的水合，使皮肤含水量大大增加。

皮肤水合得到改善后，增强了皮肤角质细胞之间的黏附性，进一步避免了皮肤失水现象。

保湿产品有四个方面的作用：使皮肤光滑和柔软，增加皮肤含水量，改善外观，将有效成分输送到皮肤表面。

# 47 常用润肤剂有哪些？

润肤剂的使用与人类文明发展密切相关。

使用油脂作为润肤剂护肤，已经有2000多年的历史，这是由于人们相信油脂作为对环境的阻挡层对皮肤外观、健康和功能是有益的。

首个油脂化妆品配方，记录在1618年的《伦敦药典》，将白蜂蜡、苦杏仁油和玫瑰浸液制成冷霜。羊毛脂肪、抹香鲸油是古代除蜂蜡外经常用于皮肤化妆品的油脂。

润肤剂种类繁多，根据常见润肤剂的来源不同，可分为矿物油脂、合成油脂、天然油脂和硅油。

① 矿物油脂：矿物油脂沸点高，多在300℃以上，没有动物、植物油脂的皂化值和酸值。化妆品中常用矿物油包括液体石蜡、固体石蜡、微晶石蜡、地蜡、凡士林等。

② 合成油脂：合成油脂是经过加工合成并改性的油脂和蜡。化妆品常用合成油脂包括角鲨烷、羊毛脂衍生物、聚硅氧烷、脂肪酸、脂肪醇、脂肪酸酯等。

③ 天然油脂：指动、植物油性原料，如天然角鲨烯、蜂蜡、霍霍巴籽油、牛油果树油（乳木果油）、月见草油等。

# 48 常用保湿剂和保湿活性成分有哪些？

保湿剂包括能吸水的吸湿剂和锁水的亲水物质。

吸湿剂，可以从外界环境中和真皮中吸收水分，并保存在角质层中。主要包括：甘油、蜂蜜、乳酸钠、尿素、丙二醇、山梨糖醇、吡咯烷酮羧酸。

亲水物质，一些能与水分结合的大分子物质，有保持水分和封阻作用，包括透明质酸、硫酸软骨素、胶原、弹性蛋白以及一些核酸类的物质。应用这些亲水性物质，无论在低温环境和高温环境，还是在干燥环境和潮湿环境，皮肤均有一个相当好的含水状态和滋润度。

保湿活性成分，指的是具有抗炎、抗氧化，维护角质形成细胞健康或促进损伤的角质形成细胞修复物质，这些物质不但具有抗炎、抗氧化作用，还有止痒功能。常见的保湿活性物质，维生素类，如维生素A、B、C、E等及其衍生物；植物提取物，如植物黄酮、多酚、甾醇、多糖等；菌类提取物，如近年来使用较多的海藻糖、灵芝多糖等。

# 49 保湿霜与保湿乳有什么区别？

日常护肤中，使用最多的就是保湿霜或保湿乳，它们之间有什么区别呢？

| 差异方面 | 保湿霜 | 保湿乳 |
|---|---|---|
| 成分 | 油脂成分偏多，流动性较差 | 含有丰富水分，少量的油分，具有很好的流动性 |
| 质地 | 保湿霜质地较为厚重，具有很好的滋润效果 | 质地较为清爽，比较轻盈、稀薄 |
| 效果 | 保湿霜能够在肌肤表面形成保护膜，主要的作用是锁水和保湿，增强肌肤的抵抗力 | 含有较多的水分，主要的作用是为皮肤补充水分，其保湿的能力偏差 |
| 适合的皮肤类型和环境适应性 | 比较适合干性皮肤使用，特别是在我国北方地区和秋冬季节 | 滋润型适合干性皮肤使用，但清爽型、平衡型则适合油性、中性肌肤使用，特别是在我国南方地区和夏季 |

针对特干性皮肤，建议使用保湿霜，若用了一段时间，皮肤恢复至中性的健康皮肤后，此时就可以换成保湿乳。

## 50 常用的水类保湿产品有哪些？

保湿水是给皮肤补充水分的水剂型护肤品。保湿水含有一些经过改性的油脂，比如水溶性霍霍巴油、PEG-7橄榄油脂等。这些经过改性的油脂，不仅可以在皮肤表面形成封闭的油膜，阻滞水分散失；而且，改性的油脂结构中有很多羟基，可以水合水分，达到保湿的目的。当然，保湿剂中多为吸湿剂和亲水基质类物质，另外还含有植物精华、甘油、透明质酸、氨基酸等。

保湿啫喱：在保湿水配方的基础上，添加一些增稠剂和一些可以悬浮在体系中的保湿包埋彩色粒子，增加产品的功能。

保湿精华：一般在保湿水的基础上，添加一些比较高效、贵重的保湿活性物质。比如往往添加一些既有保湿效果，又具有促进渗透、抑菌（防腐）作用的多元醇，使精华液的短期和长效保湿达到最佳。

保湿面膜：一般是使用纸质或无纺布等贴膜，承载保湿水或保湿乳。保湿水面膜适合于油性皮肤，保湿乳面膜适合于干性皮肤。

# 51 什么是美白化妆品？

美白化妆品是一种能够美白皮肤的功效型化妆品。

美白化妆品的美白原理，有如下几点。

① 抑制黑色素的生成：通过阻断刺激黑色素细胞的信号，抑制酪氨酸酶的生成和酪氨酸酶的活性，或干扰黑色素生成的中间体，从而防止黑色素的生成。

② 黑色素还原：使已经生成的黑色素淡化。

③ 促进黑色素的代谢：通过提高皮肤的新陈代谢，使黑色素迅速排出皮肤外。

④ 抑制皮肤蛋白质糖化：减少肌肤蜡黄现象。

⑤ 增加表皮含水量：提高皮肤丰盈度，使肌肤白皙透亮。

⑥ 防晒、抗炎、抗氧化：减少对黑色素细胞的刺激。

⑦ 调节微循环：促进代谢。

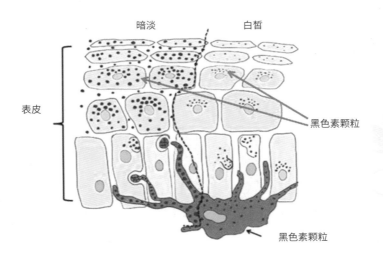

暗淡　　　　　白皙

表皮

黑色素颗粒

黑色素颗粒

## 52 美白化妆品配方中常用美白物质有哪些？

根据美白化妆品中美白原料的作用，可以分为以下几类。

抑制黑色素细胞中的酪氨酸酶活性及促进黑色素代谢：熊果苷、曲酸及其衍生物、维生素C及其衍生物、甘草提取物、甲氧基水杨酸、烟酰胺、传明酸、磷酸腺苷二钠、亚油酸、鞣花酸等。

防晒类：4-甲基苄亚基樟脑、二苯酮-3、二苯酮-4、二苯酮-5、丁基甲氧基二苯甲酰基甲烷等。

抗炎、抗氧化类：维生素C及其衍生物、维生素E及其衍生物。近年来植物提取物的应用非常广泛，特别是植物黄酮类提取物。

改善微循环类：丹参提取物、川芎嗪提取物等，多数基于中医理论开发的促进微循环原料。

维生素 C 结构式

# 53 如何选择美白产品？

皮肤的颜色与多种因素有关，但是美白化妆品的目的就是让皮肤变得白皙。

市面上许多美白化妆品，主要宣称是通过抑制体内黑色素细胞合成黑色素，抑制黑色素细胞向角质形成细胞转运黑色素，促进含有黑色素的表皮形成脱落，或是分解皮肤中已经形成的黑色素达到美白效果。但是，实际配方还是依据美白原理，组合相关具有美白效果的原料而成。

因此，在选购美白产品之前，要先决定你使用产品的目的！

（1）预防和阻止皮肤变黑

皮肤变黑，往往是风吹日晒、空气污染以及不友好物质引起皮肤刺激，产生炎症，导致皮肤黑色素细胞活跃，出现色素沉着。如在日常使用含有防晒、抗炎、抑制黑色素产生和转运的成分美白化妆品，将有效地保持皮肤白皙，最大程度地减少色素沉着。

（2）皮肤已经变黑后的美白

皮肤已经变黑，已经存在大量黑色素，美白化妆品就必须使用含有将黑色素还原的成分，让色素淡化。或者使用剥脱剂，如乳酸，尽快使含有黑色素的角质细胞脱落，以达到皮肤由黑变白的效果。

（3）祛除皮肤暗淡、发黄而选择美白

这类皮肤，往往是平时护肤习惯不好，皮肤缺水、炎症和脂质过氧化引起色素物质增加。这类皮肤，就必须使用含有较多还原剂（如维生素C）、抗氧化剂（如维生素E）等的美白化妆品。

常用的美白化妆品剂型有：美白膏霜、美白乳、美白精华液、美白啫喱、美白面膜。

## 54 什么是防晒化妆品？有哪些产品形式？

世界上首次关于防晒制品的报道始于1928年。防晒化妆品是指具有屏蔽或吸收紫外线作用，减轻因日晒引起皮肤损伤功能的化妆品。

常见的防晒产品包括防晒乳液、防晒霜、防晒喷雾。

防晒乳和防晒霜：水包油（O／W）剂型的防晒乳和霜肤感比较清爽，具有水润的使用感，比较受消费者的欢迎。油包水（W／O）剂型的防晒产品在使用肤感和稳定性方面比水包油剂型差些，但具有优异的耐水性。

凝胶型乳液／霜：该类型一般也是水包油剂型，但主要以使用聚合物型乳化剂为主，不使用或者较少使用传统乳化剂，这类防晒产品的肤感水润，有一种"化水感"。

防晒喷雾(酒精溶剂型、乳化型)：喷雾型的防晒产品，使用起来比较方便，逐渐受到了消费者的喜欢。喷雾型的防晒配方是以酒精为主要的溶剂，将紫外线吸收剂溶解在酒精里，喷雾使用时由于酒精的挥发，肤感会比较清爽。

# 55 SPF值、PFA值或PA值是什么意思？

SPF是日光防护系数，Sun Protection Factor的缩写。SPF值是表征防晒化妆品保护皮肤避免发生日晒红斑的一种性能指标，代表防止UVB（户外紫外线）损伤皮肤的强弱程度。防晒化妆品SPF值越大，其对皮肤防止UVB损伤的保护作用越强。

PFA值是Protection Factor of UVA的缩写，表示该产品防止UVA（长波紫外线）伤害程度的指标。

PA值是Protection of UVA的缩写，日本对防止UVA的有效程度的分级认定。防晒效果被分为三级，即PA+、PA++、PA+++，"+"越多，防护能力越强。

《化妆品技术审评指南》规定，SPF值和PFA值应按以下方式标注。

| SPF（Sun Protection Factor） | PFA（Protection Factor of UVA） |
| --- | --- |
| 防晒类产品可以不标注 SPF 值； | 产品 PFA 实测值的整数部分小于 2，不得标注 UVA 防晒效果； |
| SPF 值低于 2 时，不得标注防晒效果； | 产品 PFA 实测值的整数部分在 2～3 之间（包括 2 和 3），可标注 PA+ 或 PFA 实测值的整数部分； |
| SPF 值在 2~30 之间（包括 2 和 30），其标注值不得高于实测值； | 产品 PFA 实测值的整数部分在 4～7 之间（包括 4 和 7），可标注 PA++ 或 PFA 实测值的整数部分； |
| SPF 值高于 30，且减去标准差后仍大于 30，最大只能标注 SPF30+，不得标注实测值；所测产品的 SPF 值大于 30，减去标准差后小于或等于 30，最大只能标注 SPF30 | 产品 PFA 实测值的整数部分大于或等于 8，可标注 PA+++ 或 PFA 实测值的整数部分 |

在标识UVA防护效果时，PFA值只取整数部分，按以下方式换算成PA等级。

PFA值小于2——无UVA防护效果；PFA值2～3——PA＋；PFA值4～7——PA＋＋；PFA值8或8以上——PA＋＋＋。

# 56 你使用过防水型的防晒化妆品吗？

由于季节和使用环境不同，要求部分防晒化妆品具有抗水、抗汗的性能，即在汗水的浸洗下或游泳等情况下仍能保持一定的防晒效果。

具有防水性能的防晒化妆品相对于一般防晒化妆品而言，会有稍微的油腻感。

《化妆品技术审评指南》规定，宣称防水的防晒类产品，应标注浴后SPF值，若同时标注浴前SPF值，应予以注明。若浴后测定的SPF值与浴前测定的SPF值相比减少50％以上，则不得标注防水功能。产品的中文名称中已有防水、防汗等词语的，不得标注浴前SPF值。

即使使用防水性防晒产品，也要记住定时补充。

# 57 什么是抗衰老化妆品？

抗衰老化妆品，就是含有抵抗衰老表现的成分、实现抗皮肤衰老功效的化妆品，是重要的功效性化妆品之一。

抗衰老化妆品的抗衰老原理如下。

① 保湿和修复皮肤的屏障功能；

② 抗氧化，减少体内和外界引起的氧化损伤；

③ 防晒，避免DNA损伤、免疫功能下降，提高防御能力；

④ 促进细胞新陈代谢，增加皮肤中的胶原蛋白和弹性蛋白合成；

⑤ 促进血液循环，改善皮肤生理代谢；

⑥ 减少神经末梢的过度兴奋，淡化皱纹。

水果富含抗氧化成分

# 58 常见抗衰老产品有哪些？

皮肤衰老涉及的因素，比皮肤色素沉着复杂得多。皮肤的衰老状态，不仅体现在皮肤松弛、粗糙、出现细纹或皱纹，还表现在肤色暗黄、出现色斑等。那么多的衰老现象，很难就解决某一个或某几个皮肤衰老问题对抗衰老化妆品进行分类，所以市场上并没有对抗衰老产品进行清晰的分类。但某些品牌已经将抗衰老产品，以年龄35岁为分界线，分为：年轻皮肤抗衰老产品，适用于35岁以下；熟龄皮肤抗衰老产品，适用于35岁以上。这样的分类方法似乎比较合理。

（1）年轻皮肤抗衰老产品

24岁之前，很少出现皮肤衰老现象。在24～35岁之间，尽管存在着皮肤伴随着机体的衰老而衰老，但不是主要因素，主要是由于环境因素以及工作和生活压力逐渐增加，或不科学的护肤习惯，导致皮肤衰老加快。35岁之前，采用对抗环境和压力带来的损伤，一般具有良好效果。年轻皮肤抗衰老产品，主要的抗衰老活性成分为抗氧化原料。

（2）熟龄皮肤抗衰老产品

35岁以后，皮肤在遭受外界影响的同时，皮肤与机体一样，代谢机能下降，合成胶原蛋白能力降低。单纯依靠使用抗氧化成分来预防皮肤衰老，显得"力不从心"，必须补充营养，刺激皮肤细胞合成胶原蛋白等。熟龄皮肤抗衰老产品，不但含有抗氧化成分，还必须添加细胞调节成分，如小分子肽类物质。

常见的抗衰老化妆品剂型包括：膏霜、乳液、精华液、啫喱、面膜。

# 59 BB霜可以掩饰你的衰老

近年来,市场上流行BB霜和CC霜,不但具有掩饰皮肤瑕疵的功能,还具有预防和改善皮肤衰老的功能。

1958年德国医生使用天然成分开始研制"天然治疗"皮肤手术后瑕疵,1967年第一款BB霜的配方问世。一名在德国工作的韩国护士将BB霜非官方性地带到了韩国,1983年BB霜正式进入韩国,起先也是应用于皮肤科临床和美容行业,而直到一些明星开始使用BB霜,方才在化妆品业兴起。目前,扩展了BB霜的功效作用,从遮瑕、调整肤色,到保湿、美白、抗衰老、防晒、细致毛孔等,成为能打造出"裸妆"效果的护肤品。

其实,功能性修颜产品,与我国古代的胭脂粉如出一辙。胭脂粉是胭脂和水粉的结合。《古今注·草本》有云:"燕支,叶似蓟,花似蒲公,出西方。土人以染,名为燕支。中国人谓之红蓝,以染粉为妇人色,谓为燕支粉。"这是用红蓝花的花汁染成的红粉。陈溟子云:(落葵)士人取揉其汁,红如胭脂,妇女以之渍粉敷面,最佳。这是用落葵籽汁染成的红粉。

自然

美白        抗衰老

保湿        防晒

提亮肤色

## （三）化妆品的安全性

通常，化妆品的安全性在很大程度上取决于原料的质量。只有选用符合规定的、安全性好的原料，才能生产出安全的化妆品。

任何物质应用到皮肤上，皮肤均会产生反应，由于人们的个体差异，对产品的反应也存在差异。所以，即使制造商使用了安全评判"金标准"，也难免出现小概率的皮肤过敏现象。

《化妆品安全技术规范》（2015年版）规定，在正常、合理、可预见的使用条件下，化妆品不得对人体健康产生危害。

## 60 什么是化妆品保质期？

化妆品保质期是指产品的质量保证期限，即自产品生产之日起，仓储、运输、市场陈列，直至消费者购买和使用完，整个期限，一般为2～5年，多数为3年。

在产品质量管理中的意义：任何一款产品都有严格的产品质量规格。对质量规格的检查，往往包含两种含义：①出厂规格，即产品生产时必须符合的规格；②校核规格（市场抽查），即产品在整个保质期内必须符合的规格。

对制造商的意义：一方面制造商必须生产出质量稳定、可靠的产品，才能够赢得消费者的喜爱；另一方面，制订的保质期不能太短，不然产品还没有销售出去，就已经到了保质期限或超过保质期限，这样会严重影响商家的销售计划。如果太长，尽管产品有着稳定、可靠的质量，但也使化妆品不再新鲜，严重的还会失去产品的有效性。

对消费者的意义：有制造商保质期的许诺，消费者可以放心使用，如果出现质量问题，有投诉的依据。

国际品牌还标有开盖期。所谓开盖期，就是开封后开始使用的时效期，一般3个月到12个月不等，如果标注的是3个月，即3个月之内要使用完，超出3个月依然使用，出现质量和安全问题，厂家便不再负责。注意开盖期与保质期的区别，保质期是一款产品在未开封的状态下可以保存多久。

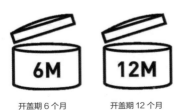

开盖期6个月　　　开盖期12个月

# 61 常用的化妆品应怎样保存？

使用化妆品还是新鲜的好！不论你中意的产品标注的保质期是长还是短，强烈建议随用随买，不宜长期保存。

使用前：将化妆品存放在常温、阴凉、干燥的地方，避免阳光直接照射，防止潮湿、霉菌滋生。日光中的紫外线能破坏化妆品中的某些成分，使化妆品容易变质。潮湿的环境会降低外包装的密封性，失去密封性能包装的化妆品，容易被微生物污染而变质。高温和冰冻环境都会破坏膏霜的基质，使膏体变硬（或变软）、油水分离，从而导致化妆品变质。另外，还要保持化妆品容器的完整，暂时不用的化妆品不要去掉包装，不要启封，防止二次污染的产生。

使用中：使用化妆品时，取出来后的多余部分不要再放回容器中，以免污染容器内的化妆品。化妆品要放置在平稳、干净、不易被碰倒的地方，以免包装破碎，污染化妆品。

使用后：要把盖子盖紧，防止水分蒸发，使化妆品因失去水分而干涸、变质，或微生物侵入发生霉变。

# 62　如何识别变质化妆品？

变质了的化妆品，可能会产生"毒素"，使用后脸部可能会出现疖、肿、红斑、过敏等情况。因此，学会或了解识别化妆品是否变质很有必要。常用的识别方法如下。

看颜色：若从原先的颜色变为发黄、发褐、发黑或有白色斑点，则说明已腐败。

闻气味：变质的化妆品因细菌发酵，其中的有机物分解产生酵气，原来的芳香已或多或少地消失。有异味，则说明被污染。

试手感：用手指蘸少许化妆品，两指头碾一下，若感觉有粗粒或变稀出水现象，则表示化妆品的乳化因菌类感染受到破坏。

看形态：液体化妆品中如有微生物生长繁殖，会使化妆品浑浊不清。浑浊说明化妆品中的微生物已达到相当的数量，如果是霉菌污染，霉菌生长在液体化妆品中会出现丝状、絮状悬浮物；如果是细菌污染，液体则是浑浊的。有些乳和霜，在微生物的作用下，会出现分层。当然，某些产品在振摇、忽冷忽热的环境下，导致产品破乳，出现分层现象，并不一定是微生物污染。

# 63 超过保质期的化妆品还能使用吗？

超过保质期的化妆品，不能再用于皮肤或毛发上。

国家法规强制标注保质期，目的是让制造商生产的产品在保质期内必须保障产品质量。质量标准是政府市场监管的一种重要手段。

超过保质期的化妆品，有些可能出现外观或气味的变化，显然在提示"过期产品不能再使用"。但是，绝大部分过期产品并没有出现外观和气味的变化。即使没有外观和气味的变化，为什么也不能在皮肤上使用呢？

绝大部分的化妆品属于营养性产品，含有许多活性物。随着时间的延长，这些活性物会逐步降解，也包括防腐剂、香精的降解。多数化妆品中含有油脂，油脂会发生酸败。活性物质的降解或油脂的酸败，会产生一些氧化物或过氧化物，对皮肤都是有害的。这种损伤，称得上是过期化妆品对皮肤的一种"无形杀手"。

另外，过期的化妆品，由于防腐剂的降解，使用过程中很容易发生微生物滋生。没有识别产品污染能力的消费者，可能造成皮肤严重感染。

当然，你存放的或前一阵子没有使用完的化妆品，如果舍不得扔掉，可以护理你的皮包、皮衣、皮沙发等，变废为宝。

# 64 为什么化妆品中要禁用和限制某些物质？

　　《化妆品安全技术规范》（2015年版）禁止使用的化妆品原料包括两大类，一类为化学物质以及生物制剂等，另一类为植物。在这些禁用物质中，有的属于具有致癌性、致突变性、致畸性（即所谓"三致"）以及发育毒性物质，有的是剧毒、高毒和高危险性物质，有的是可能给人类带来极大风险的生物制剂以及动物提取物，有的则可能是强光毒或光敏物质以及腐蚀性物质。为保护人体健康，这些物质均不可用作化妆品的原料组分。

　　《化妆品安全技术规范》（2015年版）规定有些物质可以使用，但使用范围及用量都有限制要求。当使用这类物质为化妆品原料组分时，其使用范围、最大允许使用浓度和限制使用条件均应符合规定，并必须按表中标识要求，在产品标签上进行标注。

　　如使用斑蝥素为化妆品原料时，其使用范围仅限于育（生）发剂中，最大使用浓度为1%，且在儿童产品中禁用。产品标签上必须标注：含斑蝥素；防止儿童抓拿；儿童勿用；避免接触眼睛。

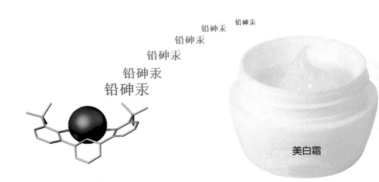

铅砷汞 铅砷汞
铅砷汞
铅砷汞
铅砷汞
铅砷汞

美白霜

# 65 已上市化妆品，为什么可以检出禁用物质成分？

《化妆品安全技术规范》（2015年版）规定的禁用物质是指不得作为化妆品生产原料添加到化妆品中的物质。

如果因技术上无法避免，导致禁用物质作为杂质带入化妆品时，上市产品必须符合相关法规对化妆品的一般要求，即必须符合法规所要求的含量范围，产品不得对人体健康产生危害。

根据化妆品中有关重金属及安全性风险物质的风险评估结果，将铅的限量要求由40毫克/千克调整为10毫克/千克，砷的限量要求由10毫克/千克调整为2毫克/千克，增加镉的限量要求为5毫克/千克。根据当时国家食品药品监督管理总局规范性技术文件的要求，二𫫇烷不超过30毫克/千克，石棉为不得检出。

# 66 什么是化妆品不良反应？

化妆品不良反应：一般是指人们日常生活中由于使用化妆品而引起的皮肤及其附属器的不良反应。如瘙痒或刺痛，皮肤红斑、丘疹、脱屑、干燥、色素沉着，毛发及甲出现损害等。

常见化妆品不良反应如下：

① 化妆品接触性皮炎：化妆品引起的刺激性或变应性接触性皮炎。

② 化妆品痤疮：经一定时间接触化妆品后，在局部发生的痤疮样皮损。

③ 化妆品毛发损害：应用化妆品后出现的毛发干枯、脱色、折断、分叉、变形或脱落（不包括以脱毛为目的的特殊用途化妆品）。

④ 化妆品甲损害：长期应用化妆品引起的甲剥离、甲软化、甲变脆及甲周皮炎等。

⑤ 化妆品光感性皮炎：由化妆品中某些成分和光线共同作用引起的光毒性或光变应性皮炎。

⑥ 化妆品皮肤色素异常：接触化妆品的局部或其邻近部位发生的慢性色素异常变异，或在化妆品接触性皮炎、光感性皮炎消退后局部遗留的皮肤色素沉着或色素脱落。

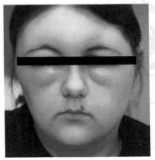

消费者若出现类似情况，建议立即停止使用化妆品并及时到专业医院就诊。另外，应保留相关证据，如购货发票、样品、宣传资料等，以备事后调查。

## 67 你经历过化妆品带来的刺热、刺痛感吗？

许多消费者使用化妆品后，感觉刺热、刺痛、刺痒。有时是使用产品后，一过性的刺热、刺痛、刺痒，有时是使用后持续存在的。

这是怎么回事呢？

其实，化妆品的不良反应，包括法律法规中要求比较明确的一类不良反应，即对皮肤组织刺激和致敏（消费者通常称为过敏）；另一类为皮肤感官刺激，如热、痛、痒等不良反应，目前法律法规要求还不明确。

有些化妆品原料具有皮肤和黏膜刺激性，个别原料或配方体系具有过敏性。化妆品研究人员可以通过体外实验方法或人体斑贴试验方法，进行筛选配方的安全。

但是，有些原料虽然没有对皮肤和黏膜产生明显的刺激性或过敏现象，却可以引起感觉反应，皮肤出现热感、刺痛感。例如，化妆品中常用的保湿剂丙二醇，防腐剂苯氧乙醇。少量的多元醇具有保湿和防腐作用，超过一定量便产生皮肤感觉刺激。苯氧乙醇是一个非常理想的防腐剂，但因为它超过一定浓度就对皮肤产生刺热、刺痛，在一定程度上一直困扰着配方师。

由于目前还没有把化妆品引起的感觉刺激纳入化妆品不良反应，化妆品制造商并没有很好把控。

如果你遇到这种情况，并且使用产品后是一过性感觉刺激，可以继续小心使用。如果出现持续存在感觉刺激，请停止使用。

# 68 学会化妆品安全性的自身测试

　　无论是健康皮肤还是敏感皮肤的消费者，当首次选用某个化妆品时，为了安全起见，请不要急于直接使用。

　　正确的方法：在耳后或手臂内侧小面积试用几天，观察有无不良反应。以保湿霜为例，具体做法是：可先于前臂内侧或耳后一小块的范围内试用5~7天，确无红斑、丘疹、水泡、脱屑、瘙痒等不良反应，可按常规使用。如果出现红肿、刺痛等症状，则表示此种化妆品不适合你。对于清洁类用品可先在手部试用，无潮红、水泡、干燥、脱屑、瘙痒等不良反应再用于头发、脸部或全身。

　　虽然化妆品中的致敏原多为弱抗原，但对皮肤高度敏感者来说，即使小面积试用也有一定的危险性，因此要密切注意局部变化，如有任何不良反应应立即停用。

## 69 保湿产品能够安抚"泛红的面部"吗？

　　洁面后，通常出现面部泛红，是由于洁面产品带走了皮肤上的油脂，并碱性刺激皮肤微循环，某种程度上"削弱"了皮肤屏障。

　　保湿产品，补充水分和油脂，对恢复泛红面部的皮肤屏障很重要。

　　虽然保湿剂不能直接修复皮肤屏障，但是能创造出修复皮肤屏障的最佳环境。

　　保湿产品对改善面部泛红的效果是最好的，因为其中没有轻微刺激物，如乳酸、视黄醇、乙醇酸、水杨酸。

# 70 婴幼儿产品与成人产品有何不同？

　　对婴幼儿产品的要求，与成人产品截然不同！2015年我国颁发了《儿童（含婴幼儿）化妆品申报与审评指南》，对配方和安全性进行了严格要求。

　　配方：

　　① 应最大限度地减少配方所用原料的品种。

　　② 选择香精、着色剂、防腐剂及表面活性剂时，应坚持有效基础上的少用、不用原则，同时关注其可能存在的潜在致敏性。

　　③ 儿童产品配方不宜使用诸如美白、祛斑、祛痘、脱毛、止汗、除臭、育发、染发、健美、美乳等功效成分。

　　④ 应选用有一定安全使用历史的化妆品原料及技术，不鼓励使用如基因技术、纳米材料等新技术、新材料。

　　⑤ 应了解配方所使用成分的来源、组成、杂质、理化性质、适用范围、安全用量、注意事项等有关信息。

　　安全性：

　　① 申报企业应对儿童化妆品的安全性进行研究与评价，确保产品使用安全。

　　② 申报企业应根据儿童的特点，对儿童化妆品及其所使用的原料进行特定的安全性评估。

　　③ 应结合产品的使用方式（如用后是否冲洗），加强对配方中使用香精、乙醇等有机溶剂、阳离子表面活性剂以及透皮促进剂等原料的儿童化妆品的安全性风险评估。

　　除此以外，《化妆品卫生标准》明确规定，一般成年人化妆品的细菌总数不得超过1000菌落单位/毫升或1000菌落单位/克，而儿童化妆品细菌总数必须不得大于500菌落单位/毫升或500菌落单位/克。国家对儿童产品的卫生要求比成年人化妆品更严格。

# 71 婴幼儿使用成年人化妆品安全吗？

首先明确，婴幼儿使用成人产品不安全！

婴幼儿的皮肤和成年人相比，比较脆弱。皮肤薄，皮脂腺、汗腺发育不全；pH值不稳定，微生态建设不全；皮肤中的营养物质以及天然保湿因子含量较少，免疫功能还没有建立完全。另外，肝脏解毒能力和肾脏排泄能力均比成年人弱，所以有害物质若是被吸收进去后会损害婴幼儿的身体健康。

婴幼儿皮肤的表面积与体重的比值，远远大于成人。该比值越大，意味着越有利于对物质的吸收，包括有毒有害的物质在内。

成人产品中往往有婴幼儿禁用或限用的物质，在正常使用量的情况下，成人安全无误或彻底地能够代谢。然而，如果婴幼儿使用了含有婴幼儿禁用或限用物质的成人产品，即使在正常使用量的情况下，也会造成婴幼儿吸收后因解毒和排毒的能力不及，导致蓄积中毒。

所以，基于以上原因，不要随意给婴幼儿使用成年人的化妆品。并且，成年人要保管好自己的化妆品，将化妆品置于儿童够不到的地方，以免儿童在未被成年人发现的情况下，模仿成年人而自己涂用。

我国古代就很重视清洁，战国时期，《礼记·内则》提到：三日具沐，其间面垢，燂潘清靧。古代很长一段时间人们一直使用米浆水日常洗面，对于洗后紧绷感，孙思邈所著《千金翼方》提到：面脂手膏，衣香藻豆，仕人贵胜，皆是所要。清洁后进行保湿以达到更好效果。尽管古代没有防晒化妆品，但人们会使用含有矿物质的白色水粉，不但具有很好的修饰效果，也起到了防晒作用。盛弘之《荆州记》曰："范阳县西有粉水。取其水以为粉，今谓之粉水。"

## 72 不可缺少的基本护肤三部曲——清洁、保湿、防晒

运用科学护肤方法进行得当的皮肤护理，不分季节，不分区域，不论男女老幼，人人都需要完成基本的日常护理——清洁、保湿、防晒，我们称之为基本护肤三部曲。

第一步：清洁，去除皮肤表面的油脂。

第二步：保湿，补充清洁去除的油脂。

第三步：防晒，减少阳光对皮肤的伤害。

不论你是什么样的皮肤类型，基本护肤不可缺少。

## （一）第一步：清洁

皮肤与机体一样，每时每刻都在进行生理代谢，其中通过皮肤皮脂腺分泌适量的皮脂滋润皮肤是必不可少的过程。但是，由于皮肤直接与环境接触，分泌的皮脂往往会被氧化，出现"老化"现象，这种老化的皮脂长时间驻留在皮肤上，会对皮肤产生损伤，必须定时清洁，以利于皮肤的健康。

# 73 为什么要对皮肤进行清洁？

清洁是讲究卫生、增进肌肤健康的基础。科学证明，在美丽的皮肤上，有许多你看不见的、对皮肤不友好的物质。

皮肤全天候地有死亡的表皮角质细胞脱落；皮肤全天候地分泌皮脂，进行无感觉的汗液排放，其中含有滋润皮肤的成分，也含有排出体外的废物；皮肤上寄居着数不清的微生物，死亡后的微生物释放出毒素；皮肤上有未吸收完的日常使用的护肤品中的营养物质，以及使用的彩妆中不可吸收的物质。

皮肤上的这些脱落细胞、皮脂和汗液、使用的化妆品，在紫外线、空气中的氧以及皮肤表面微生物的综合作用下，一方面产生对皮肤有利的物质，另一方面也产生有害的物质。

所以，对皮肤科学清洁是有道理的。当然，不科学的清洁可能导致皮肤伤害，如过度清洁可能会引起皮肤表面脂质大量流失，出现皮肤正常结构发生损坏。

# 74 清洁离不开的水

不论使用什么样的方式对皮肤进行清洁，都离不开水。如何科学地使用水呢？

水有硬水和软水之分。水的硬度，是指溶解在水中的钙盐和镁盐含量的多少。含量多的硬度大，反之则小。1L水中含有10mg CaO称为1度，大于8度的水，称为硬水，小于8度的水称为软水。来自地下和地表的水常常是硬水，雨水、雪水、市面上的纯净水通常为软水。

硬水中含有较多的矿物质，会影响清洁产品和滋养产品对皮肤的作用。

如何检验水的软硬程度？

其实，只需要留意家里烧开水的壶有无结垢即可。使用很长时间的烧水壶，没有发现结垢，说明家里所使用的水为"软水"，反之，很短时间内，烧水壶中就结了许多的垢，说明家里所使用的水为硬水。

如果家里的水是硬水，建议将水烧开，晾成温水后使用。这时候水中可能有沉淀，一定不要把沉淀倒入洗脸盆中。

水有冷、热之分。水温过冷（20℃以下）：对皮肤有收敛作用，会引起皮肤血管收缩，使皮肤变得苍白、枯萎，皮脂腺、汗腺分泌减少，弹性丧失，出现早衰，对皮肤滋养不利。水温过热（38℃以上）：使皮肤脱脂，血管扩张，导致皮肤毛孔扩张，皮肤容易变得松弛无力、出现皱纹。

合适的水温应在34℃左右，略高于皮肤温度，用手试，有温热感，但不会觉得烫。这种温度的水，既能洁肤，又对皮肤有镇静作用，有利于皮肤的休息和解除疲劳，对皮肤无伤害。

## 75 只用清水洗脸可以吗？

只用清水洗脸的人士，可能已经体验到洗后常常会感觉不清爽，这种不清爽就是没有洗干净。

所以，只用清水洗脸是不够的！

科学家认为，皮肤上不友好的物质不只是水溶性的，还有许多是在水中不能溶解的。如果你只是使用清水洗脸，是洗不掉这些不友好物质的，长时间停留在皮肤上便会损害皮肤。必须使用清洁产品，由表面活性剂将这些不友好的油腻物质带走。

另外，使用清洁产品洗脸后，也有利于护肤产品的吸收，效果会更好。

为此，对大多数人来说，应该用温和的清洁剂洗脸。如果是非常油腻的皮肤或有大量的青春痘，可以使用去污力强的清洁产品，然后使用一种舒缓的爽肤水。

# 76 如何选用一般清洁产品？

一般清洁产品，是指用于洗脸、洗浴等常规使用的清洁产品，包括清洁皂类、清洁霜、洗面奶、清洁用化妆水和清洁啫喱、清洁面膜等。

清洁皂：按其原料的组成可分为两种类型，皂基型，含脂肪酸钠和助剂的香皂，呈碱性；复合型，呈中性。按产品的使用功能可分为婴儿专用香皂、润肤香皂、药物香皂、透明皂和液体皂等。

清洁霜：是一类含油量中等的轻质型洁肤产品，油腻感小，适用于油性皮肤和有痤疮的皮肤。该类产品的生产工艺为水包油（O/W）体系。

洗面奶：也称为洁面乳、清洁乳液。一般由两类成分组成，一类是表面活性剂型；另一类是溶剂型。主要包括油性成分、水、表面活性剂等物质。

化妆水和清洁啫喱：化妆水，以水为主，含有水溶性油脂；清洁啫喱，是在化妆水中添加凝胶类成分。

清洁面膜：采用不透气的黏性成膜成分，在皮肤表面成膜后，毛孔打开，最后撕下面膜的同时，将毛孔内的污垢带走。

## 77 如何选购和使用卸妆产品？

选购和使用卸妆产品的原则：

① 皮肤类型：油性皮肤不要选用卸妆油；敏感皮肤应选择敏感皮肤适用的产品。

② 上妆淡、浓：淡妆对卸妆产品没有特殊要求；浓妆需要用清洁力强的卸妆产品。

卸妆水：适合敏感皮肤、油性皮肤、混合性皮肤。随时使用化妆棉蘸取卸妆水就可以开始卸妆，部分产品甚至具有卸妆、清洁、保养三合一的功效。这种产品在补妆时也很好用，可以简单地把脱妆的部分擦拭干净，再开始补妆。

卸妆乳/霜：适合干性和中性皮肤。取适量，涂在脸部，按摩30～60秒。注意，过度按摩，会将污垢再按回肌肤，结束时可以使用面纸擦拭或是直接用水清洗，滋润度较好。

卸妆油：适合浓妆并且每天上妆的人们。必须在手和脸都是干燥的情况下，按摩清洁，并慢慢加水乳化，冲洗干净。可以快速、温和地卸除掉脸上的妆，即使是厚重的底妆也可以清洁得很干净。

专家建议，不管使用何种卸妆产品，卸妆后最好使用清水或是洗面乳将残留的污物彻底清洁干净，做好完整的清洁(也就是常说的"双重清洁")，才是保养肌肤的硬道理。

# 78 清洁与面部泛红

面部泛红，往往是敏感皮肤的一种表现。

不适当地清洁或选择不合适的洁面乳是加速面部泛红的原因。

清洁产品的功效是通过使用表面活性剂来降低非极性物质和水之间的张力，从而去除皮肤上的污垢。去污力强或pH值较高时，会引起一些敏感皮肤出现面部泛红的情况。

现在一些清洁产品，把皂类和合成清洁剂结合，制造出一种复合皂，pH值在9～10之间，这是一种典型的抗菌型清洁剂。pH值在9～10的清洁剂会因为其属于碱性，更容易对面部泛红的人群引起刺激，因此这类清洁剂也不适用于面部泛红的人群。

为此，pH值在5.5～7的合成清洁产品，是面部易泛红人群的首选。

# 79 如何选购和使用去角质产品？

专业的去角质产品有着明确的分类和使用指导。

（1）选购原则

科学而合理地使用去角质产品非常必要。如果你的角质层非常厚、毛孔非常粗大，去角质自然是用磨砂膏比较好，也可以选用化学去角质，如用果酸产品，但刺激性比较强，难于控制，可能会过度刺激。根据消费者常用的去角质手段，按去角质强度排序：磨砂膏霜型、化学膏霜型>面膜型>乳液型>化妆水型，强度越强，使用频率要越低。

（2）使用方法

按照产品使用指导，一般结合手法按摩。

第一步：顺着唇周围的肌肉走向由里向外圆弧形打圈。

第二步：鼻梁处由上往下直线轻搓，鼻翼处则由外向内画圈。

第三步：额头用中指或无名指，往上向两边轻打螺旋状按摩。

第四步：脸颊部位由下往上轻揉。

（3）不要过度去角质

角质具有保护人类肌肤的天然属性，如使皮肤不易起干纹、防止细菌和病毒入侵、防止紫外线损伤、增强耐受力、防止化学刺激等。过度去角质，角质层太薄，皮肤会变得敏感、脆弱，防御力下降，有干燥、瘙痒感，还容易出现红斑、丘疹、脱皮等现象。

（4）不宜使用去角质产品的人群

① 痤疮皮肤：建议不选购和使用物理性去角质产品。产品中细微颗粒会诱发痤疮或加重痤疮倾向。② 敏感、红血丝皮肤：建议不使用去角质产品。过度去角质，会让肌肤变得敏感。

（5）不需去角质的人群

柔软的皮肤、年轻皮肤和勤于保养的皮肤不用去角质。

（6）去角质后的保护

去角质之后的保湿和防晒是必不可少的保养程序，一定不可以忽略。

## （二）第二步：保湿

大家或许都经历过洗脸后不使用保湿润肤产品而感觉皮肤紧绷，其道理就是把皮肤表面或浅表的皮肤油脂洗掉了，皮肤缺少了润肤物质。洗脸后不及时使用保湿产品，皮肤不但紧绷，久而久之还会引起皮肤损伤。尽管保湿产品的剂型不一样，但都含有保湿剂，补充皮肤缺失的脂质。所以，在护肤三部曲中的第二步，必须及时使用保湿产品补充清洁去除的油脂，呵护皮肤。

# 保湿有多重要，你真的了解吗？

保湿，包括两层意思，给皮肤补水和防止皮肤水分流失！

水是生命之源，大地缺水会干裂、植物缺水会枯萎、动物缺水会生病乃至死亡！皮肤缺水，如不进行适当的保湿，则会造成：

① 皮肤pH值上升、水分下降、表皮中的酶活性发生变化，使表皮细胞不能正常角化，会变得粗糙、起屑；

② 表皮脂质合成减少、天然保湿因子合成减少，进一步发展，会出现干性细纹（假性皱纹）；

③ 皮肤微生态寄生环境的变化，会发生紊乱，菌群失调，引起炎症甚至皮肤病；

④ 干燥严重时，皮肤内出现大量炎症因子，初始黑色素细胞和免疫细胞活跃，皮肤变得暗淡、无光泽；

⑤ 皮肤会变得敏感，久而久之成为敏感皮肤；

⑥ 皮肤长时间干燥得不到保湿，将会出现色素分布不均；干性皱纹将变成永久性皱纹（真性皱纹）。

科学的皮肤保湿，可以使你的皮肤处于理想的水合状态，否则会出现上述损害皮肤的现象。

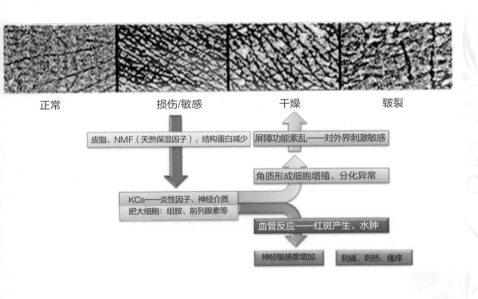

皮肤干燥后，不进行合理保湿，将导致皮肤出现敏感、皱纹等现象。

# 81 保湿与表皮角质层关系密切

　　表皮角质层，是表皮最外面的一层，由多层扁平、无核角质细胞所组成的保护层，仅仅0.02微米，被很多人认为是"死了的组织"，其实角质层中含有大量的生物酶，在水分适当的时候，依然表现为生物活性，也就是说它并没有"死"。

　　不要小看这薄薄的一层，它是人体与环境真正隔开的"第一道防线"。

　　表皮角质层为"砖墙结构"，"砖"和"灰浆"一起具有选择性渗透作用，能够有效避免皮肤中水分的流失。所谓"砖"指的是角化细胞；所谓"灰浆"指的是角化细胞之间的细胞间充质，主要为脂质。

　　参与皮肤保湿的角质层物质和结构："砖"中密集的角蛋白纤维束、天然保湿因子，参与水的水合作用；"砖"与"砖"之间的角化桥粒，形成紧密连接；"砖"与"砖"之间的"灰浆"，有着密集双层脂质结构，起到了封闭的作用，避免水分流失。

　　外界湿度接近零时，经表皮丧失的水分（TEWL）约为每小时0.25毫克/毫升。如果角质层被破坏，经表皮失水率将会增加。皮肤过多的水分丢失，将导致下层的活性组织受损害。

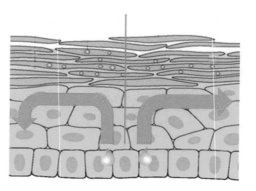

角质层

颗粒层

棘层

基底层

# 82 你适合使用什么样的保湿产品？如何选择？

保湿化妆品，是所有护肤类化妆品的基础，皮肤护理的重中之重。

根据皮肤特征分为中性（正常）皮肤、干性皮肤、油性皮肤和混合性皮肤，不同皮肤类型所需要的保湿成分有所差异，为此化妆品科学家将保湿产品制作成不同的剂型，以适应不同皮肤类型的人使用。

中性皮肤，即正常皮肤，皮肤水分充足，皮脂含量适当。日常护理时只需要防止皮肤水分过度缺失即可，使用的产品可含有轻薄的封闭剂、少量保湿剂，一般产品形式多为保湿乳。

干性皮肤，不但缺少水分，还缺乏脂质，有时皮肤屏障也遭到破坏。日常护理不但需要补充水分和脂质，还要给予封闭性物质，以弥补屏障功能不足，一般使用比较厚重的保湿霜。

油性皮肤，明显的皮脂过多，实际上缺水。日常护理需要注意给皮肤补水即可，一般使用保湿水或比较轻薄的保湿乳。

混合性皮肤，一般根据T区出油程度选择。

## 83 每个人都应该用爽肤水吗？

美容专家说，不是每个人都需要用爽肤水。

爽肤水是用来去除皮肤表面残留的油脂、化妆品和污垢。如果皮肤属于油性的，那么在化妆前，爽肤水能够很好地去除多余的油脂，帮助皮肤达到完美、理想的状态。使用爽肤水时，将爽肤水涂在化妆棉上，轻轻擦拭皮肤。使用爽肤水后，一定要使用润肤霜或高保湿霜。鼻子周围是一个经常被忽视的区域，注意清洁和保湿。

如果皮肤属于干性或敏感性的，并不建议使用爽肤水。

当然，也有专家认为干燥皮肤亦可以使用爽肤水，具有促进皮肤水化的作用，但后续必须使用润肤霜或高保湿霜。

随着科学技术的进步，如今的爽肤水更温和，富含抗氧化剂和皮肤光亮剂，甚至可以使干燥的皮肤看起来充满水分和弹性。

## （三）第三步：防晒

雨露滋润禾苗壮，万物生长靠太阳。

人类的生长也需要太阳。在阳光的作用下，可以杀死环境和人体表面的多种致病微生物，减少疾病发生；刺激皮肤合成维生素D，促进人体对钙和其他矿物质的吸收，促进新陈代谢，增强免疫力，调节发育和生长。我们可以想象，没有阳光的日子，不但人类不能生存，万物皆不存在。

然而，过度暴露在阳光下，会对机体，特别是皮肤造成损害。

# 84 防晒很重要，你必须重视它

阳光，来自宇宙的发光体——太阳。

阳光对人体健康的直接作用：协助皮肤合成维生素D，促进机体增殖和维护健康；杀灭皮肤表面或衣物上的致病菌，避免感染。阳光的昼夜分明，四季更替，为人类的免疫调节、组织代谢平衡起到极大的作用。

但是，阳光也有它不好的一面！

在阳光下暴晒，常常引起皮肤变黑，出现发红、水泡、脱皮等现象，有时也会被太阳晒得无精打采、头晕、胸闷气短。如果过度暴晒，还会引起休克。西方白种人，由于缺乏黑色素保护，由过度晒太阳引起的皮肤癌发病率比较高。随着年龄的增加，眼睛白内障的发病率比较高，很大原因也归咎于阳光。人们一直就有使用阳伞防晒的习惯，如今流行戴墨镜，防止阳光对眼睛造成损伤。

随着科学技术的发展，将具有吸收阳光中紫外线能力的石粉和化学成分添加到化妆品中，成为有效的防晒产品，可谓对人类的美丽和健康具有促进作用。

不论是阳伞、墨镜，还是防晒化妆品，均体现出防晒的重要性。

# 85 阳光是怎样伤害皮肤的？

冬天的阳光洒在脸上，暖洋洋；夏天的阳光晒在脸上，火辣辣！

科学家使用光的衍射技术和能量测试，发现太阳光有着许许多多的秘密，有看不见的紫外线(UV)，波长为100～400纳米；看得见的可见光，波长为400～780纳米；波长在780纳米～1毫米的红外线(IR)，也看不见。

太阳辐射形成的阳光对人体的作用，取决于辐射的强度、被机体吸收的程度和它的生物效应。

多数人知道紫外线会对人体皮肤造成伤害，但并不知道其他光线对皮肤产生的生物学反应。

看了下图，你就知道阳光对皮肤伤害是怎么回事啦！

| 紫外线 100～400 纳米 | | | 可见光 400～780 纳米 | 红外线 780 纳米～1 毫米 |
|---|---|---|---|---|
| UVC | UVB | UVA | | |

UVA：立刻引起皮肤变黑，并持续发展，是表皮和真皮光老化的主要因素。
UVB：使皮肤出现红斑，迟发性色素沉着，是表皮光老化的主要因素

立刻引起皮肤变黑，并持续发展

热效应引起皮肤细胞产生自由基，从而损伤皮肤

# 86 你有晒伤经历吗？

许多人都经历过晒伤。

在炎热的夏天长时间暴露在阳光下，裸露部位的皮肤有灼热感，引起皮肤发红，严重者出现水泡，继而出现蜕皮、色素沉着等现象。这是典型的阳光对人体产生的急性损伤。

但是，除了阳光过度照射的急性损伤外，日常生活中阳光引起的皮肤损伤则是一种不可避免、循序渐进的过程，这些损伤具有累积性，皮肤逐渐表现出皱纹、松弛，色斑不均等。

由于皮肤的光损伤发生在皮肤自然老化的基础之上，往往被人们忽视。科学家研究发现，皮肤衰老的原因，80％归因于紫外线，并将紫外线和皮肤自然老化引起的损伤，命名为皮肤光老化。

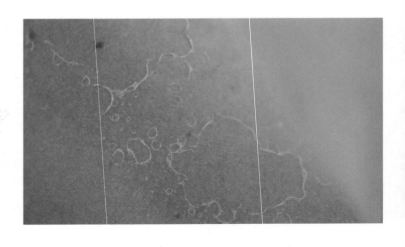

# 87 真的需要每两小时涂一次防晒霜吗？

是的，防晒产品需要两小时涂抹一次！

防晒剂在阳光作用下，防晒能力逐渐降低。长时间在室外，直接暴露在阳光下，汗水、泳池水或海水将冲刷掉防晒产品。据专家推算，涂抹一次防晒产品在阳光下一般能维持2小时，2小时后应加以补充或更新。

如果出去旅游、游泳，阳光直射或受到汗水的冲刷作用等，不但需要每两小时涂一次防晒霜，可能还要考虑使用防水的防晒产品。

涂抹或喷洒在皮肤上的防晒产品，要想达到防晒效果，必须满足以下条件。

① 涂足够的量，通常防晒霜在皮肤上涂抹量为$2mg/cm^2$，这样才能达到防晒效果。

② 出门前15分钟涂抹，并涂抹均匀，形成一层均匀的防护膜，方能达到防晒效果。如果涂抹后没有形成均匀的防护膜，效果则大打折扣。

## 88 皮肤光老化是怎么回事？

皮肤光老化是指皮肤由于反复暴露于紫外线而引起的结构和功能的特征性改变。

临床上表现为皮肤松弛、粗糙、萎缩，出现皱纹，斑点状色素沉着、雀斑、毛细血管扩张、紫癜以及癌变等。

近年来发现可见光和红外线也会引起皮肤生物学反应，或许需要对皮肤光老化定义进行修订。

外国学者根据人的年龄、皮肤皱纹、有无色素沉着、皮肤角化以及光老化程度等情况将皮肤光老化分为以下4种类型。

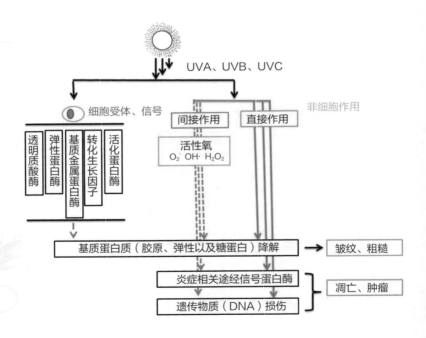

紫外线引起皮肤光老化的机制

皮肤光老化的临床分型（Glogau 分型法）

| 分型 | 年龄 | 皮肤皱纹 | 色素沉着 | 皮肤角化 | 光老化程度 | 化妆要求 |
|------|------|---------|---------|---------|-----------|---------|
| I | 20 ~ 29 岁 | 无或少 | 轻微 | 无 | 早期 | 不 / 少用 |
| II | 30 ~ 49 岁 | 运动中有 | 有 | 轻微 | 早中期 | 基础化妆 |
| III | 50 ~ 59 岁 | 静止时有 | 明显 | 明显 | 晚期 | 浓妆 |
| IV | 60 岁以上 | 密集分布 | 明显 | 明显 | 晚期 | 无法修饰 |

 **89 你应该使用多大SPF值的防晒产品？**

　　通常情况下，若在室内活动，偶尔在阳光下走动，普通肤色的人选择SPF值10 ~ 15的防晒产品为宜。如上班族，只是路上接触阳光，以脸部防晒为主，使用SPF值在15左右的防晒产品即可。室外活动较多的人，可能需要SPF值为20左右的产品；特殊场合，如在野外游玩、海滨游泳、雪地上活动的人，或在阳光强烈的区域旅游、度假，肌肤完全裸露在阳光下的人，需选用SPF值为30或者30+的防晒产品。若在太阳光下逗留时间久或者在游泳、大量出汗时，宜选用具有抗水性能的防晒产品。

　　值得注意的是，防晒产品不仅仅只在夏季使用，一年四季都应该使用防晒产品来保护我们的皮肤。

　　从科学角度来看，SPF 30不会给你提供比SPF 15多一倍的防晒效果。SPF 15可以阻挡92%的紫外线，SPF 30可以阻挡97%的紫外线。不管SPF值多高，都不会阻挡100%的紫外线。使用高于SPF 50的防晒霜，没有多大意义。最重要的是，使用防晒产品时涂上足够的防晒霜，并经常补充使用！

　　最好备一款SPF值在15 ~ 30之间的防晒产品。

# 90 不能单单依靠防晒产品，它不是全能的

没有哪款防晒产品可以做到100％防护，即使是宽频防晒化妆品也没有把光线全部遮挡的能力。另外，虽然大多数人知道防晒产品每2小时要补充一次，但真正能够做到的人很少。

鉴于上述种种原因，很有必要采取一些弥补办法。如打一把阳伞；通过穿衣，尽量遮盖裸露皮肤；戴遮阳帽，有效保护头发、头皮和面部皮肤；戴太阳镜，一方面可以保护眼部皮肤，另一方面最大化地避免对眼睛晶状体的伤害。不要忘了，还有手，记得戴手套。

并不是鼓励大家每日都这样做，可以根据天气，具体情况，具体而定。

# 91 如何选用适合你皮肤类型的防晒产品？

选择防晒产品，就像选择其他功能化妆品一样，适合自己的才是好产品。一定不要只关注防晒指数高还是低。

油性皮肤：尤其有痤疮的油性皮肤，要选择清爽、具有保湿作用的防晒产品，这样既不会感觉皮肤油腻，也能防御紫外线的伤害，保护皮肤。尽量避免选购和使用比较油腻的产品，这种油腻的防晒产品多为物理防晒霜。

干性皮肤：适合使用比较油腻的防晒产品（物理防晒为主），具有补水、保水的作用。尽量避免使用含酒精的产品，会导致皮肤屏障受损，恶化皮肤干燥程度。

敏感皮肤：与干性皮肤相当，选购比较厚的防晒霜为好，尽量避免使用化学性质的防晒产品，化学物质容易刺激到皮肤。不论选购哪种产品，注意要在耳后皮肤上测试一下，避免出现过敏现象。

容易出汗，要考虑防晒产品的防水性。去海边或者游泳池，也要选用防水性比较强的防晒产品。

## 92 皮肤被晒伤后，该怎么去补救？

出现热烫伤时，人们会立即使用包有冰块的毛巾进行冷敷；晒伤，是非常痛苦的，也需要立即进行适当的治疗。

你将需要做到以下几点：

①不要继续待在阳光下，远离太阳，进入室内或阴凉处；

②洗个凉水澡或温水澡，因为晒伤类似于烧伤，可以用冷水或温水镇静；

③用含有芦荟等具有舒缓作用的保湿产品，安抚你的皮肤；

④涂抹一些美白产品，避免晒伤过后皮肤变黑；

⑤当晒伤严重到一定程度，可能伴有剧烈的疼痛，是相当痛苦的，可以服用止痛药；

⑥适当多喝水，帮助机体代谢。

# 93 在海滩待一天后，好好保养你的皮肤

待在海滩或室外泳池时，由于环境带来的清新感，往往不会感受到阳光的侵袭。但确实会给皮肤带来伤害。

例如，来自阳光的伤害；防晒产品、水中可能伤害皮肤的物质在皮肤上附着；长时间在水中浸泡，导致皮肤脱水等。

回家后要做的事情：

① 第一件事就是沐浴，进行清洁和补水；

② 全身使用晒后修复产品；

③ 全身使用轻薄的保湿霜或乳；

④ 一定记着呵护头发和头皮；

⑤ 建议饮用足量的水或喜欢的饮料，以补充体内水分。

## 94 室内需要使用防晒产品吗？

一般人们会认为在室内不需要防晒。

但是，随着科学技术的发展、经济水平的提高，现代城市建筑和夜间照明、不适当或过度使用的人工照明产生的"光污染"对人类造成的危害。

科学家发现，室内光线已经达到损害肌肤的程度。例如，可见光可以导致皮肤颜色加深；UVA射线透过玻璃，会导致皮肤老化；一定强度的阳光就会导致皮肤出现皱纹、细纹和黑点。

记住：当你打算整天待在室内时，你也需要使用防晒霜，选购防晒指数较低、比较清爽的防晒产品即可。

## （一）美白

自古以来，我国女性就以"白"为美，有"一白遮百丑"的观念。

我们东方人在关注皮肤健康方面，特别在意肤色。战国时期楚国诗人宋玉在《登徒子好色赋》序中，形容他家东邻美女是"著粉则太白，施朱则太赤，眉如翠羽，肌如白雪。"中医也经常用"红黄隐隐，明润含蓄"来形容一个身体健康人的面色。这些描述特别贴合东方人健康皮肤的特征——白里透红，光洁无瑕。

在现代生活中，大众的普遍审美观也是以白为美。光洁、白皙、红润的皮肤，一直是东方女性所追求的，更是近年来我国、日本、韩国以及东南亚等地区的女性所推崇的时尚。

现代科学发现，东方黄种人皮肤容易晒黑，是基因所决定的。在国际化妆品领域，美白产品几乎是东方人的专用产品。

## 95 为什么要用美白化妆品？

如何才能"白里透红，光洁无瑕"？

前文提到皮肤颜色，决定人肤色的因素主要为黑色素，还有脂褐素、血红素等影响因素，以及皮肤的粗糙度、皮肤表面寄居的产色微生物都会影响肤色。随着科学技术的进步，通过给予皮肤某些美白、祛斑物质，可以减少或缓解皮肤色素沉着，使皮肤变得比较光洁和靓丽。

受爱美人士的影响，美白、祛斑类化妆品成为化妆品界科学家研究的热点。但是，由于影响皮肤颜色的因素很多，开发美白产品，并非容易的事情。

注意，不要把"美白"理解成"漂白"。

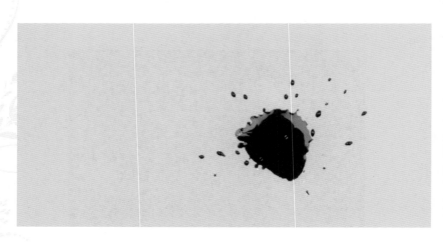

# 96 如何选择适合自己的美白产品？

由于每个人的皮肤颜色都不一样，一定要有适合自己的选购方法和使用产品的原则。

结合自己的皮肤特点，想要达到的目的来选购产品。

| 目 的 | 产 品 |
|---|---|
| 保持白皙、光洁的皮肤 | 保湿、抑制黑色素和抗氧化成分为主的产品 |
| 解决皮肤晦暗无华、粗糙 | 保湿、抑制黑色素和抗氧化成分为主的产品 |
| 防止晒黑 | 防晒、保湿、抑制黑色素、抗炎和抗氧化成分为主的产品 |
| 消除黑色素或修护 | 保湿、抗炎、抗氧化成分为主，添加去角质成分的产品 |

使用原则：

① 首先弄清自己使用美白产品的目的；

② 选择合适的产品，可以组合使用；

③ 白天防晒，晚间使用美白功效的产品；

④ 容易长痤疮的人，建议使用轻薄的美白乳或美白精华液。

## 97 真的有速效美白化妆品吗？

许多消费者抱怨，使用某某品牌美白产品已经一周了，根本就没有效果。有没有"速效美白化妆品"呢？有！

市场上那些宣传"使用后能马上见到美白效果"的化妆品其实并不安全。一般这些"一抹白"的美白产品，通常分为以下两类。

一种是添加了反光、荧光成分，比如云母石。涂上以后，皮肤就折射出更多的光线，这样皮肤就白了，呈现出假美白的效果。

另一种是违法添加了激素、铅、汞等化妆品禁用物质，虽然在短期内能达到迅速美白的效果，但是长期使用这类物质，会引起激素依赖性皮炎等其他皮肤甚至身体疾病。

从生物学角度来看，目前还没有安全、有效的"速效美白化妆品"！

决定皮肤颜色的"色团"物质，主要分布在表皮层，而表层的更新时间为28天。因此，美白是个循序渐进的慢性过程，想要一夜之间变成白雪公主是不可能的。

遵循皮肤的代谢规律，使用美白产品要有耐心，不要太过相信那些见效很快的"速效美白化妆品"。

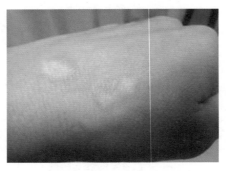

速效美白产品可能带来的伤害

# 98 为什么将美白产品纳入祛斑类化妆品实施严格管理？

美白产品能够使皮肤颜色变浅，且主要作用靶点为皮肤黑色素细胞，如果使用不科学的、违背自然规律的产品，将导致皮肤出现不可逆转的损伤。

以前人们使用氢醌美白剂，确实有很好的美白效果，但是当用量较大时，对黑色素细胞有毒性，能够杀死黑色素细胞，导致出现白癜风样皮肤病变，甚至导致不可逆的终身皮肤损害。前几年，日本的杜鹃醇白斑事件，同样是由于杜鹃醇具有黑色素细胞毒性，导致大量消费者出现白癜风样皮肤病变。

另外，一些非法品牌，为了达到皮肤快速美白的效果，违法添加了激素、铅、汞等化妆品禁用物质，往往对皮肤产生不可修复的伤害，甚至全身的损害。

2013年，国家食品药品监督管理总局为进一步规范化妆品注册备案管理工作，保障消费者健康权益，依据《化妆品卫生监督条例》及《国务院办公厅关于印发国家食品药品监督管理总局主要职责内设机构和人员编制规定的通知》的相关规定，颁布了通知要求。明确指出，由于目前市场上大部分宣称有助于皮肤美白、增白的化妆品，与用于减轻皮肤表皮色素沉着的化妆品作用机理一致，因此为控制美白化妆品的安全风险，决定将其一并纳入祛斑类特殊用途化妆品实施严格管理。

## （二）抗衰老，永恒的主题

衰老，是人们最不爱听的词语，但是衰老是生物界最基本的自然规律之一，是随着时间的推移所有人都将发生的功能性和器质性衰退的渐进过程，没有人能够逃得掉。

人的一生，要经历以下三个阶段，在这三个阶段中，都存在着生长和衰退。

① 青春期结束之前，也就是24岁之前，生长大于衰退；

② 成熟期，生长与衰退发展速度持平，在外界环境影响下，衰退显得比生长速度快；

③ 更年期，尤其女性绝经期后，衰退明显加快，远远超过生长。

皮肤是人体衰老和疾病的"晴雨表"，皮肤还遭受着外界有害因素引起的衰老和机体衰老的双重叠加。为了能够展示自己的活力，延缓衰老，抗衰老产品便成为人们的挚爱。

护肤护发全书

## 99 什么原因引起皮肤的衰老？

皮肤位于体表，是机体衰老过程中最显著的部分。皮肤衰老与整个机体衰老一样，是由多种因素共同作用导致的错综复杂的过程。

解释衰老机理理论的学说有多种，主要有以下几种：

自由基学说、DNA损伤理论、线粒体损伤学说、端粒酶学说、非酶糖基化学说、生物钟学说、激素改变理论。

引起皮肤衰老的原因是什么？

① 皮肤作为机体的一个最大的重要器官，与机体衰老一致；

② 皮肤在机体最外面，负责机体与环境进行物质和信息交换。因此，皮肤也是首先和直接遭受外界损害的器官，导致皮肤在自然衰老的基础上，叠加外来因素引起的衰老。

有专家推算，皮肤衰老80%的原因归于外界因素，外界因素中80%是由于紫外线的照射。

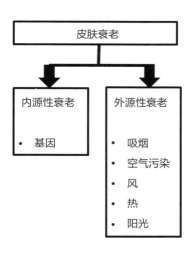

## 100 怎样才能预防和修复皮肤衰老？

年轻貌美，青春永驻，是所有女人一生追求的目标。然而，衰老总是不期而至，悄悄来临。

人类的寿命受两类因素影响，一类是先天遗传，另一类则是后天环境和生活方式。

皮肤衰老，同样遭受两种因素影响。一方面，皮肤随着机体遗传特征的衰老而衰老；另一方面，由于皮肤是人体最外面的器官，直接与环境相接触，尤其是光线照射、空气污染等，直接伤害皮肤，使皮肤衰老。

因此，预防和修复皮肤衰老，保持年轻态是人人梦寐以求的。

保护皮肤，就像养生一样，尽管我们无法避免衰老，但可以延缓衰老，例如：

① 通过充分认识皮肤衰老规律，给予合适的营养补给；

② 通过充分认识环境对皮肤损害的机制，有针对性地预防和治疗损伤，避免皮肤过早衰老；

③ 通过充分认识皮肤衰老机制，使用现代科技手段修复已经损毁的组织；

④ 使用现代科学技术，修饰已经产生的瑕疵。

# 101 如何制订适合自己的抗衰老方案？

皮肤与机体一样，既然衰老是自然规律，就是不可逆转的。鉴于皮肤遭受自然衰老和外界引起的衰老，可以预防外界引起衰老的同时，养护皮肤，延缓衰老。

常常分为以下三种类型的抗衰老方式。

（1）延缓衰老：目的：改善皮肤弹性、细小皱纹、微循环等。

① 常规护肤品：日常皮肤护理、正确的防晒方式、非伤害性美容。

② 功效性护肤品：抗氧化产品、调节细胞产品。

③ 口服产品：激素替代治疗（注意要在医生指导下进行）、抗氧化产品。

④ 良好的生活习惯，避免有害因素：不吸烟、远离污染和阳光辐射、放松心情、营养膳食、营养品添加、体育锻炼、作息规律。

⑤ 预防疾病：避免或减少疾病产生。

（2）修饰肌肤瑕疵：目的：遮盖肤色不均、细纹、皱纹以及斑点等。

目前，具有功效性的修颜产品较为流行，如BB霜，近来还有CC霜以及DD霜。

（3）医美治疗：目的：通过伤害性的手段，改善粗大皱纹、老年斑或老年雀斑、皮肤松弛等皮肤问题。

皮肤衰老造成的结构性变化，往往是不可逆的，如果想在短时间内修正皮肤的衰老表现，多使用医学美容的方式，如化学剥脱剂的应用、剥脱和非剥脱激光嫩肤、射频、注射生物激动剂嫩肤、预防动力性皱纹（如注射麻醉剂、肉毒素）、校正静态和解刨型皱纹吸脂瘦身后皮肤产生的变化恢复，等等。

## 102 如何正确看待抗衰老护肤品的效果？

抗衰老产品究竟能否抗衰老，是大家最关心的问题。

年龄大一些的消费者，热衷于购买和使用抗衰老产品，但多数人抱怨使用效果不好，有上当受骗的感觉。

大家应当明白一件事，年轻时的细纹是可逆性的，化妆品可以帮助平复细纹；年长的皱纹是不可逆的，一旦形成则不可平复，化妆品只是帮助皱纹不再进一步发展。所以，购买的抗衰老产品，是用于解决细纹还是皱纹的，预期应当是不一样的。

化妆品专家努力研制出的淡化皱纹的化妆品，长期使用能够起到延缓皮肤衰老的作用，但是应该认识到它们作用的有限性。即使是价格最昂贵的抗衰老化妆品，也不能够完全祛除皮肤上形成的真性皱纹。

预防和改善皮肤衰老是保护皮肤、补充皮肤营养、减少外界对皮肤伤害的一个长期而科学的过程，因此，从心理上对抗衰老产品的功效不要有过高的预期。保持良好的心态，不盲从，选择适合自己皮肤状况的抗衰老产品。

## （三）科学护肤，因人、因时而异

根据产品广告或品牌推荐，人们尝试着使用产品，但有人有效，有人无效，不是产品没有效果，而是你选择的产品不适合你的皮肤类型。

# 103 中性皮肤的产品选择与护肤原则

在《中国人面部皮肤分类与护肤指南》中，提出的中性皮肤的护肤原则如下。

洁肤：春、夏季皮肤偏油时，可选碱性洁面乳或肥皂；秋、冬季选用不是碱性的保湿洁面乳。磨砂膏或去角质膏可每3~4周用1次。

爽肤：春、夏季可用收敛性化妆水紧致皮肤；秋、冬季用保湿、滋润的化妆水补充水分。

护肤：春、夏季用水包油保湿乳；秋、冬季用保湿、滋润的霜类护肤品。

防晒：室内工作者，使用SPF=15，PA+~++的防晒产品，每4小时抹一次；室外工作者，使用SPF>15，PA++~+++的防晒产品，每2~3小时抹一次；高原地区使用SPF>30的防晒产品，每2~3小时抹一次。

按摩：春、夏季一般用冷喷，以控油保湿按摩乳或啫喱进行按摩，以穴位按摩为主。按摩10~15分钟，每周1次；秋、冬季用热喷以滋润保湿按摩霜进行按摩，每次5~10分钟，每周2次。

面膜：春、夏季使用保湿面膜；秋、冬季可适当使用控油保湿面膜。敷面膜时间为每次15~20分钟，每周1次。

# 104 干性皮肤的产品选择与护肤原则

《中国人面部皮肤分类与护肤指南》中，针对干性皮肤护肤原则如下。

洁肤：选用不是碱性的保湿洁面乳，25℃温水洗脸。不宜用磨砂膏或去角质膏。

爽肤：选用保湿、滋润、不含酒精（多元醇含量不宜过高）的化妆水，充分补充水分。

护肤：选用强保湿剂或高油脂的霜类护肤品。

防晒：室内工作者使用SPF=15，PA+~++的防晒产品，每4小时抹一次；室外工作者使用SPF>15，PA++~+++的防晒产品，每2~3小时抹一次；高原地区使用SPF>30的防晒产品，每2~3小时抹一次。

按摩：用热喷以滋润保湿按摩霜进行按摩，每次5~10分钟，每周2次。

面膜：选用保湿效果好的面贴膜或热倒模。敷面膜时间为20~25分钟，每周1次。

注：以保湿、滋润、美白、防晒为主。

# 105 油性皮肤的产品选择与护肤原则

《中国人面部皮肤分类与护肤指南》中，对油性皮肤给出的护肤原则如下。

洁面：选择弱碱性并具有保湿功效的洁面乳，35℃左右温水洗脸。磨砂膏或去角质膏，2周用1次。

爽肤：选用收敛或控油保湿爽肤水，补充水分，去除多余油脂。

护肤：选用控油保湿的水包油乳液、凝胶护肤品。

防晒：室内和室外工作者均应选用防晒乳或防晒喷雾，室内工作者使用SPF=15，PA+~++的防晒产品，每4小时抹1次；室外工作者使用SPF>15，PA++~+++的防晒产品，每2~3小时抹一次；高原地区使用SPF>30的防晒产品，每2~3小时抹一次。

按摩：一般用冷喷，以控油保湿按摩乳或啫喱进行按摩，以穴位按摩为主。按摩10~15分钟，每周1次。

面膜：选用控油保湿面膜或冷倒模。敷面膜时间为10~15分钟，每周1~2次。

注：在控油的同时保湿，预防痤疮的发生。

混合性皮肤，最容易发生"过度清洁"的情况。

混合性的皮肤常常都是T区很油，U区很干，导致皮肤护理的时候人们常常很发愁。

洁面：在干燥的U区使用温和的洗面奶，在冒油较多的T区使用清洁、控油并能够补水的洗面奶。

爽肤水：在选择爽肤水的时候，如果T区冒油不是很严重，可以选择一款清爽一点并无刺激的爽肤水，整个脸都可以用同一款爽肤水。如果是情况比较严重的，建议把T区和U区分开使用不同的爽肤水产品。

防晒和保湿：建议使用比较轻薄的霜或乳，以兼顾油区和干区。T区冒油比较严重时，可以使用保湿精华液、液体防晒产品。如果U区干燥比较严重，必须分区护理，分别参照干性皮肤和油性皮肤。

如果将T区和U区分开护理，无论是油性的部分，还是干性的部分，都需要调理才能够水油平衡。

# 107 如何预防敏感皮肤发作？

自己是不是敏感皮肤？出现过化妆品过敏吗？

如果出现过化妆品过敏，要想预防敏感皮肤发作，首先要明确导致出现皮肤敏感的原因。

① 是化妆品产品本身引起的，还是有什么原因诱导？

② 是刺激反应（一般为局部反应），还是过敏反应（通常为接触部位以外也有反应）？

如因使用某些药物、化妆品所致的，应停用，并及时使用表皮修复剂修复，在日常生活中尽量避免各种激发因素的刺激。

如果是皮肤病所引起，不同的皮肤病，有不同的治疗方法，建议看医生。

## （1）产品选择原则

选择的护肤产品，尽量是温和、无刺激、安全性高的，不含容易损害皮肤或导致皮肤过敏的物质，如色素、香料、防腐剂以及表面活性剂等。

## （2）敏感性皮肤的护理原则

首先需要尽量选用无刺激、作用较温和兼有柔和安抚皮肤作用的洁面乳，使用次数尽量要少，一般一天1～2次即可。清洗动作要轻柔，且时间不宜过长，一般1～2分钟即可。平时尽量少用清洁力较强的产品，洗好时要用清水冲洗干净。

注意：清洁后及时使用温和的保湿产品。保湿产品需兼具美白、抗衰老产品时，可先小面积试用，试用3天无不良反应，再扩大使用范围。

# 108 敏感皮肤的产品选择与护肤原则

敏感皮肤应当使用不含香料和色素、温和、安全的护肤品，加强保湿，恢复皮肤屏障功能。

护理敏感皮肤的技巧：

① 尽量选择新鲜（生产日期）、成分少而简单的产品；

② 把产品涂在脸上之前，先在皮肤一个小区域里测试一下，耳朵后面的皮肤是一个测试新护肤品的好地方；

③ 尽量减少使用的产品数量；

④ 香水是头号皮肤刺激物，所以一定要尽量避免它；

⑤ 一定要用温水清洗你的脸和身体，因为太热的水会去除皮肤脂质，使皮肤变得更加敏感和干燥。

| 皮肤类型 | | 清洁 | 保湿 | 防晒 |
|---|---|---|---|---|
| 敏感皮肤 | 油性皮肤 | 中性洁面产品 | 保湿精华液；水包油保湿乳 | 可选择清爽的乳液型或喷雾型（参照油性皮肤护理） |
| | 干性皮肤 | 弱酸洁面产品 | 水包油保湿霜；特别干时，油包水保湿霜 | 保湿型清爽的防晒乳液或防晒霜（参照干性皮肤护理） |
| 痤疮引起敏感皮肤 | 油性皮肤 | 中性洁面产品 | 水包油型清爽乳液，保湿不油腻 | 氧化锌和二氧化钛等物理防晒剂，可选择清爽的乳液型或喷雾型；在早期炎症较重时可暂不使用 |
| | 混合皮肤 | | T区不是特别油，U区不特别干，参照油性皮肤护理；T区特别油，U区特别干，分区护理 | |

注意：一旦发生皮肤过敏，停止使用所有化妆品和护肤品两周；只使用温和的清洁产品（pH值呈中性的合成洁面乳）；禁止使用去角质产品。

# 0～3岁的日常护理有哪些？

有了孩子，他（她）就成为家庭的"中心"。现代生活中，确实有很多家长不知道如何护理宝宝的皮肤。

一般要做好以下"工作"：

及时清除婴儿的便尿、吐出的奶，清洁污染部位，防止皮肤糜烂。

洗澡：不仅能够清洁宝宝皮肤代谢物，也便于及时观察婴儿的身体全貌。如果出现什么异常，也会及时发现。经常用温水冲身还可以提高宝宝皮肤对外界环境的适应能力。清洁后及时使用儿童专用护肤霜或保湿霜，一方面起到保湿作用，另一方面可以达到隔离、保护的作用。

预防红屁股：最重要的是保持婴儿臀部的清洁和干爽，使用透气的纸尿裤或尿布。及时更换，即使是晚上，至少也应换1次纸尿裤或尿布。

预防痱子：避免肌肤过热、保持肌肤的干爽是预防、治疗痱子的原则。不要给宝宝穿戴太多，勤给宝宝洗澡，降温、洁净。

尽量避免蚊虫叮咬：可以挂上蚊帐，或者使用儿童专用的驱蚊、驱虫产品。

防晒：宝宝的皮肤发育还未健全，抵抗紫外线的能力远远低于成人。给宝宝涂抹防晒产品，并不能够100%阻挡紫外线，"漏网"的紫外线足以帮助皮肤合成维生素D，促进血液循环和代谢，因此，不要担心防晒产品会影响宝宝的健康。

# 110 3～12岁的日常皮肤护理

　　这一时期的儿童进入幼儿园和小学，他（她）们将开始集体生活。在老师的带领下，学会洗手、吃饭等基本自理能力。但是这个时期，孩子们还没有形成自己的清洁和护肤理念，往往他们自己不会打理日常护肤。家长一定不要放手任其自由发挥，要教育和手把手地示范。另外，对于他们的"隐私"部位，也要重视，建议家长可以带着自己的孩子一起沐浴，观察他们的全貌，不存在"被遗忘的角落"。

　　注意：这一时期是他（她）们人生阶段遭遇意外伤害最多的时期，家长一定要多加教育，尽量减少皮肤的擦伤以及严重损伤。否则，可能给他（她）们的外表带来一生的"损毁"。

# 111 12~24岁的日常皮肤护理

　　青少年时期，身体的变化和激素的激增，皮肤类型从儿童期的正常皮肤逐渐向油性皮肤过渡，特别是在T区（额头、鼻子和下巴区域）。当死皮细胞与脂质混合被困在毛孔中时，就会出现黑头和白头。如果细菌存在，粉刺和脓疱也开始形成。

　　清洁：做好清洁，最大化地避免粉刺产生。

　　保湿：尽管你的皮肤处于很好的状态，但是它依然需要保湿。

　　防晒：青春期是最有活力的年纪，多数喜欢参加户外活动。为此，需要使用防晒产品避免遭受较多紫外线的伤害。

　　保持皮肤的"青春"：青春期的皮肤处于旺盛时期，一般不需要抗衰老，但皮肤会受到较多紫外线的损伤。因此，预防紫外线、空气污染、生活无规律（睡眠不足）给皮肤带来的压力（又叫氧化应激损伤），使用一些具有抗氧化功能的精华液或乳霜是必要的。

## 112 怀孕期的日常皮肤护理

皮肤变得油腻：怀孕后，体内的激素种类和水平均发生巨大变化。使得身体，特别是面部出现过多的油脂，皮肤变得格外油腻，尤其以面部的T形区最为严重。出油严重时，还会因为油脂堵塞毛孔而冒出痘痘。可以按照油性皮肤或混合性皮肤护理。

出现红血丝：孕妇皮肤上出现红血丝，俗称蜘蛛斑。不需要刻意控制，分娩后会恢复。

出现"黄褐斑"：也叫妊娠斑、蝴蝶斑，一般在分娩后半年左右就会消退。使用防晒指数不要太高的防晒品，以及含抗氧化成分的精华液，可以预防或达到治疗的效果。

有些孕妇皮肤变得干燥：建议不要频繁地洗脸。沐浴时间不宜太久，否则容易造成皮肤脱水。

有时出现皮肤瘙痒：某些保湿产品和抗敏产品具有舒缓镇静的作用，可以减缓瘙痒。

有些孕妇出现膨胀纹：膨胀纹，也叫妊娠纹。预防膨胀纹，比治疗膨胀纹更重要。最好选用专用的妊娠霜，既可以止痒，又可以维持皮肤弹性，预防妊娠纹的产生。

注意：强烈建议孕妇不要使用染、烫发产品。

# 113 25～36岁的日常皮肤护理

该年龄段的护肤要领：拮抗体内外有害因素，保持皮肤年轻态！

清洁：这一时期的护肤习惯，一定要重视基本护肤。使用温和的洁面乳，每天两次清洁皮肤，尤其在晚上，最好做双重清洗，以确保你已经完全卸下所有的化妆品，并彻底清洁你的脸。

保湿：根据自己的皮肤类型，在不同季节选择合适的保湿产品。滋润的皮肤，才是健康的皮肤。如果是油性皮肤，就可以使用凝胶保湿剂。

防晒：防晒是一个永恒的话题，一定要养成防晒的习惯。

美白与抗衰老：必须使用含有抗氧化成分的精华液，有针对性地使用清除自由基、抑制黑色素合成成分的美白产品；必须使用含有抗氧化成分的精华液，有针对性地使用清除自由基、促进胶原合成和抑制胶原降解酶活性成分的抗衰老产品。如维生素C精华液，因为维生素C不仅能使皮肤变亮，还有助于胶原蛋白的形成。另外，维生素C是一种强大的抗氧化剂，可以保护你的皮肤免受阳光的伤害以及炎症和污染的破坏。

眼霜：是时候使用眼霜了。眼睛周围的细纹将悄悄地出现，加上表情肌的作用，鱼尾纹也将出现。根据自己的皮肤类型，选择一款眼霜，记住每天使用。

# 36～60岁的日常皮肤护理

该年龄段的护肤要领：拮抗体内外有害因素的同时，激发自身代谢能力，抗衰老。

清洁：皮肤会随着年龄的增长而变得干燥，应当使用轻薄的、温和的、偏中性的洁面乳。当然，沐浴也要使用温和的香波和沐浴露。

去角质：该年龄段可以考虑每周进行一次去角质（频率依据自己的皮肤状况而定），以便露出柔软、光滑的皮肤，防止皮肤显得无生气。

保湿：根据你所在的地区、季节的不同，选择合适的保湿产品。在北方地区的人们或秋、冬、春季可以选择一些比较厚重的保湿霜或乳，使你的皮肤更加滋润。

防晒：每天使用防晒霜，并及时补充。有些防晒霜具有很好的保湿效果，或者兼有遮瑕的作用。

美白和抗衰老：每天早上一定要使用抗氧化剂精华液。在日常的护理基础上，使用含有针对性美白成分和抗衰老成分的美白产品或抗衰老产品。你可以选择含有激活皮肤的高科技抗衰老成分，如活性多肽，效果会好一些，但是这类产品比较昂贵。

眼霜：眼霜是必需的，可以选择含有抗衰老成分的眼霜，最好兼顾消除黑眼圈和下眼睑水肿的功效。

# 115 60岁以上的日常皮肤护理

该年龄段的护肤要领：拮抗体内外有害因素，激发自身代谢能力的同时，修饰衰老。

清洁：由于这一时期皮肤已经变得很干燥，清洁时应当选择清洁力适中的、酸碱呈中性的清洁产品。

保湿：保湿是日常护肤的重要环节，必不可少。可以根据年轻时使用习惯选择产品。

防晒：选择防晒指数为SPF 15的防晒产品即可，这种防晒指数的产品往往比较轻薄，有良好的使用感觉。

美白和抗衰老：早晨和晚上各用一次精华液，对已经衰老的皮肤很有好处，能够延缓皮肤衰老。你可以根据自己的皮肤状态，选择保湿精华液、美白精华液或抗衰老精华液。如果效果不理想，可以使用含有"淡化黑色素"成分的美白产品，如维生素C、氨甲环酸等，使用含活化角质形成细胞、促进胶原合成等成分的抗衰老产品，如多肽、维甲酸等，最大化地阻止色斑和皱纹恶化，在某种程度上可以改善皮肤衰老的状态。

修颜：目前化妆品中的修颜产品，在某种程度上还是可以帮助修饰衰老。选择一款适合自己肤色或者自己理想的色泽的BB霜，将脸上或脖子上存在的那些"瑕疵"统统遮掩，再次呈现"靓丽而有活力"的形象。

基于皮肤整个晚上的代谢和将要面对一天的"挑战"，做好早晨的护肤显得非常重要！

清洁：早晨起床时，脸上有晚上皮肤自然分泌的油脂、代谢的死亡和脱落的细胞、前一天晚上使用的没有完全吸收的营养护肤品，这些残留护肤品可能已经被氧化。洗脸时的水温不要低于皮肤温度，利于清洁；使用适合自己的洗面奶，油多的地方多揉搓两圈来洗，油少的地方略为带过就好；冲洗洗面奶要彻底，一定不要忘记冲洗发际线；使用柔软、易吸水的毛巾擦拭干水，以备护肤。

精华液：早晨出门，如果无法避免阳光、污染等，最好的方法是用抗氧化精华液，抗氧化剂（如维生素C、维生素E、黄酮、多酚等一些植物提取物）有助于"消灭"自由基，避免它们对皮肤造成伤害。所以，每天早上你都需要含抗氧化成分的精华液来保护你的皮肤。

保湿霜：皮肤每天都需要水分，即使它是油性的。可以在你的皮肤上涂抹较大量的保湿霜，这样它一整天都能保持良好的保湿状态，是保障皮肤健康的先决条件。

眼霜：可以使用含防晒作用的眼霜。

防晒霜：使用保湿霜1小时后，使用防晒霜，这样可以有效进行防晒，保护皮肤。即使在室内工作，也要使用防晒霜。

解决皮肤问题：如果有皮肤问题，如色斑、皱纹以及痤疮，可以使用具有修颜作用的产品，治疗和掩饰色斑和皱纹，有针对性地治疗痤疮。

# 117 护肤夜间更重要

如何建立夜间护肤程序？

首先要彻底清洁皮肤，这非常重要。清洁后，一定要补水。

当你卸妆、洗脸或去角质，皮肤往往会变得干燥，这时可以使用保湿面膜或直接使用保湿霜（乳）进行保湿。记住，不同皮肤类型、不同地区、不同季节使用的保湿产品是有差别的，根据自己的经验，进行精心挑选。

晚上皮肤温度是最高的，最适合代谢酶活性发挥，利于DNA修复、细胞增殖。相对于白天，晚上皮肤屏障打开，皮肤血流增加，利于营养物质吸收。

感觉晒黑了，可以使用美白精华液、乳或霜。注意，晚上不要使用含有修颜效果的物理美白剂，如含有钛白粉、白色云母等成分的产品。

如果皮肤出现细纹，可以使用抗衰老精华液、乳或霜。注意，晚上不要使用含有填充细纹作用的大分子物质的产品。

如果有痤疮，晚上也是一天治疗的好时机，请根据自己的皮肤类型、痤疮类型，选择有效的产品。

每天晚上使用眼霜是很重要的。有黑眼圈、眼部水肿以及有皱纹者，可以选择不同功效的眼霜。

减少压力，增加情趣，可以做个"创意面膜"。使用面膜，可以保湿、美白、抗衰老，甚至可以帮助治疗痤疮。近年来，由于工作节奏的加快，许多"情志面膜"出现，给人们带来修身养性的效果，如舒缓减压面膜、芳香益神面膜等。这些创意面膜，或许可以带来一个高质量的睡眠。

# 118 春季护肤方案

春季的气候主要有以下几个特点：①气温变化幅度大；②空气干燥，多大风；③北方多沙尘天气；④南方多阴雨天气；⑤紫外线逐渐增强。

春天皮肤的特点：人体皮肤一扫冬日阴冷环境中的紧闭状态，皮肤细胞的代谢功能亦逐渐活跃、旺盛起来，表皮脱落加速，毛孔展放，皮肤舒展。

春天来了，我们该怎么清洁和护理皮肤呢？

清洁：冬天累积的较厚的表皮，如果一次深度清洁，可能对皮肤造成伤害，所以要循序渐进。

保湿：清洁后的皮肤，一定要使用保湿产品，春天使用的保湿霜（乳），可以延续冬季使用的产品，或略微轻薄一点。

防晒：由于春天紫外线逐渐增强，一定不要忽略防晒，谨防在强烈阳光下暴晒。春季出门旅游，一定要戴上宽檐遮阳帽或使用阳伞，臂膀等部位尽量少裸露，以避免肌肤受到紫外线的伤害。

预防和治疗痤疮：大家都知道，春天万物复苏，"痘痘"也跟着凑热闹，春天是痤疮高发季节。做好清洁、控油和合理防晒，是预防痤疮的基本条件。

对于色斑和皱纹的预防和治疗，没有明显的季节差异。

如果家中有小孩，当心春天他（她）们容易出现皴脸。

# 119 夏季护理方案

总体来说，夏天给人的感觉是热、晒、潮湿，蚊虫较多。

夏天气温较高，皮肤的汗腺、皮脂腺功能旺盛，常分泌较多的汗液和皮脂。夏天的干性皮肤也变得油腻的，好像皮肤变成了油性的。确实，夏天，可能会使皮肤类型发生变化。

清洁：夏天容易出汗，不及时清洁，身体会有"酸臭"的气味。由于清洁次数比较多，每次清洁可以使用比较温和的清洁产品，比如轻薄的、凝胶类清洁产品。有些人的皮肤依然表现为油性，难以清洁时，可以使用清洁力比较强的产品。

保湿：出汗、清洁，多次反复的动作，皮肤会出现缺水的状态，应当及时使用一些轻薄的保湿产品。

防晒：当今护肤理念，四季都要防晒。由于夏天有时会出现阴雨天气，云彩将太阳遮挡住，有些人认为不用使用防晒产品，其实，并非所有的紫外线都被遮挡住，有一部分紫外线依然会对皮肤造成伤害。尤其是在户外活动时，防晒更是"头等大事"。

预防痱子：尽管痱子多发生在孩子身上，但痱子并不是孩子的"专利"，许多成人也会出现痱子。

蚊虫叮咬：对于蚊虫叮咬，首先一定要防护，一旦防备不足，被蚊虫攻击成功，要使用止痒产品，切莫搔抓，以免抓破引起感染，留下疤痕。

夏天的夜晚时间再短，晚上的皮肤护理流程也不能节省和忽略。

脚部护理：春夏季节交替时，可以给自己做脚部护理，泡脚—去角质—滋润，每周三次，坚持3周，保证你有一双美脚。

# 120 秋季护肤方案

当季节变化时，你可能会注意到皮肤类型也在发生着变化。有些油性皮肤的人，可能会觉得皮肤不油了，或者那些皮肤正常的人，可能会认为自己的皮肤突然变得干燥了。

清洁：把凝胶类的清洁产品收起来，拿出滋润型的沐浴液和轻质的洁面乳。这些产品对你的皮肤保湿有好处。

保湿：洗完澡或洗过脸后，擦干，用保湿乳或保湿霜将清洁过程中皮肤吸收的水分密封在皮肤内，保持皮肤的水分。

防晒：秋天依然要保持好的防晒习惯，使用较高防晒指数的防晒产品。

美白：经历春天、夏天逐渐步入秋天，皮肤可能从白皙逐渐变黑。根据自己的皮肤类型选择去角质的产品，每周1次或两周1次去角质，这样可以促进皮肤代谢，帮助皮肤在春天和夏天产生的黑色素代谢掉。在使用去角质产品的同时，每天坚持使用美白产品，避免皮肤进一步生产黑色素。但敏感性皮肤要少用或不用去角质产品。

抗衰老：秋天天气转凉，会使皮肤收缩，原本夏天没有的细纹，在秋天可能会爬上你的脸。这时候你需要选择具有一点填充、修饰作用的抗衰老产品，将出现的细纹甚至明显的皱纹掩盖起来，如用与肤色一致的BB霜。同时，还需要选择具有营养和针对性的抗衰老产品，每天坚持使用，打好基础，让皮肤做好过冬的准备。

护手：人的双手一年四季均裸露在外，它是人的"第二张名片"，保养得好与不好，直接影响个人形象。可以使用护手霜或手膜对手部皮肤进行护理。

冬天气温低、空气湿度小、多偏北风、冷空气活动频繁。

温度下降，寒风侵袭，会给皮肤带来一系列的变化。机体为了抵御经皮肤散热，皮肤表面的毛孔收缩和组织内的毛细血管收缩，皮肤汗液和皮脂分泌减少，导致皮肤组织新陈代谢变得缓慢等，从而加速皮肤干燥、暗淡，甚至皱纹出现等衰老现象。

冬季皮肤护理，主要包括两点：防止寒冷或寒冷状态下物质对皮肤的刺激；改善血液循环变弱带来的营养不足，增加营养，弥补新陈代谢变慢，从而提高皮肤的御寒能力。

清洁：基本原则是选择中性、轻薄的含有润肤功效的清洁产品。具体的，请根据不同皮肤类型，选择清洁产品。

保湿：应当选择比较厚的保湿产品，使用的频率也要适当增加。很有必要随身备一款比较轻薄的保湿产品，及时补充水分，但又不至于使皮肤显得油腻。

防晒：冬天也要防晒，可以选用含有防晒功能的保湿产品，或者具有保湿功能的防晒产品进行防晒。

美白：由于寒冷天气的刺激，皮肤比较脆弱，容易产生炎症，造成皮肤色素沉着，所以积极地美白非常必要。

抗衰老：冬天是皮肤衰老现象表现最明显的季节，修颜和积极主动改善微循环，补充营养，非常关键。另外，市面上的粉底、彩妆等产品，也被赋予了保湿、美白、抗皱等功能，可以根据自己的肤色、皮肤类型，选择适合自己的产品。

面膜：由于冬季晚上的时间逐渐加长，有较充裕的时间使用面膜。鉴于冬天皮肤组织新陈代谢较慢，选用补充营养型面膜为好。

去角质：由于冬天皮肤代谢慢，角质层的更新速度也比较慢。可以选择温和去角质的产品，时间为2~3周一次，确保皮肤健康。

　　尽管人们每天对自己的皮肤呵护有加，但在不同的年龄或生理阶段还是会出现一些皮肤问题，比如，宝宝的红屁股、儿童痱子、青少年痤疮等。在科技不发达的年代，人们会针对这些皮肤问题有各种各样的"偏方"，或者说是经方验方进行"治疗"。化妆品科技发达的今天，某些功能性护肤品在预防和"治疗"这些皮肤问题过程中，扮演着积极的角色。

## （一）皮肤常见问题与护理

　　所谓皮肤常见问题，就是人们生长过程中的正常生理现象或日常生活中皮肤所遭遇的、不可回避的皮肤问题。生活水平较低，对生活质量要求不高时，往往不被人们所关注。但是，如今，人们对美丽的追求越来越高，皮肤问题已经成为不可忽视的一部分，如何对皮肤护理变为"头等大事"。

# 宝宝的肌肤问题：红屁股、湿疹、皴脸、痱子

尿布皮炎，又称尿布疹，俗称"红屁股"。尿布皮炎会呈现红斑、丘疹、水肿，有时还会糜烂和伴随瘙痒及刺痛。主要由尿布表面的物理刺激作用和粪便以及尿的化学刺激作用引起的一次性刺激皮炎。脸上出现湿疹的孩子，更容易发生"红屁股"。宝宝排便、排尿后，要及时清洁臀部，并涂抹护臀膏隔离便尿，修护臀部皮肤。

婴幼儿湿疹，俗称奶癣。是婴幼儿时期比较常见的一种变态反应性皮肤病，秋冬交替时节最常见，属于过敏性疾病。大多出现在面颊、额部、眉间和头部，严重时躯干四肢也有。通常情况下，如果奶癣症状较轻，使用适合0～3岁婴幼儿的保湿霜即可，可以不用药，慢慢自愈。

皴脸，指婴幼儿或儿童发生在秋、冬、春季的面部皮肤粗糙、起屑或干裂。皴脸的诱因常常为哭闹时眼泪浸入皮肤，导致屏障受损、脱水，严重时引起皮肤泛红（炎症）、出现皮屑，甚至出现皲裂（干裂）。通常情况下，使用适合0～3岁婴幼儿的保湿霜即可，可以不用药，慢慢自愈。

痱子又称热痱、红色粟粒疹，是由于在高温闷热环境下，出汗过多，汗液蒸发不畅，导致汗腺导管阻塞，汗液外渗入周围组织而引起。根据儿童出现痱子的不同程度，医生将痱子分为：白痱子，也称为晶形粟粒疹；红痱子，也称为红色粟粒疹；脓痱子，也称为脓疱粟粒疹。应当以预防为主，避免出现痱子。一旦出现痱子，建议清洁后使用爽身粉。如果出现脓痱子，一定要去看医生。

## 123 痘痘、青春痘、粉刺、痤疮是一回事吗？如何预防？

痤疮是医学名称，痘痘、青春痘和粉刺是俗称，均属于一种慢性炎症性毛囊皮脂腺疾病。由于出现的年龄不同、诱因不同，被称呼的名字也不同。例如青春痘就是根据在青春期多发而命名的。

儿童痤疮，尤其是婴幼儿痤疮，通常分布在背部，是容易被家长忽略的一种皮肤问题。宝宝出现痤疮，往往与在母体中获得的激素有关。合理的清洁和护理，很容易恢复。但是，如果被家长忽视，可能引起感染，酿成大祸。所以，如果家中有宝宝，一定注意观察他们是否长了痤疮。

青春期痤疮，大多与该年龄段体内激素水平较高，引起皮脂分泌增多有关。发病机理主要是皮脂分泌增多，排出皮脂的导管在皮肤开口处变狭窄致使皮脂排出受堵，以及在此基础上引起的各类细菌的作用而产生的。鉴于青春期皮脂腺分泌旺盛的特点，一定要制订适合自己的清洁和护肤方案，以便预防痤疮的产生。

中年人也发痤疮，与频繁使用各类化妆品和洗面奶、肥皂等清洁产品有关，故也将其称之为"化妆品痤疮"。另外，强烈的紫外线照射同样也使皮脂腺开口处角化增生，一般要在半年后方可逐渐恢复。中年女性痤疮还可能有其他原因，如内分泌功能紊乱、系统或局部使用皮质激素制剂和其他药物均可引起痤疮。因此，中年女性痤疮患者应及时去医院就诊，明确诱因后对症治疗大多可痊愈。

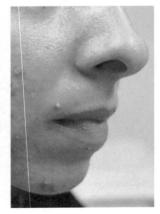

# 124 在发生痘痘期间，该怎样清洁皮肤和护肤？

如果有发生痤疮的倾向，坚持与痤疮作斗争是必需的。与痤疮作斗争，科学的皮肤护理是基础。

| 时间 | 皮肤护理原则 |
| --- | --- |
| 早晨 | 清洁：使用温和的清洁产品，如凝胶型清洁产品或洁面乳；<br>祛痘产品：根据痤疮的不同类型，选择不同的产品；<br>护肤：使用水包油型、轻薄的保湿产品，如保湿乳；<br>防晒：建议使用防晒啫喱或防晒乳，防晒成分多为化学防晒剂 |
| 晚上 | 清洁：使用温和的清洁产品，如凝胶型清洁产品或洁面乳；<br>祛痘产品：根据痤疮的不同类型，选择不同的产品。含维甲酸的产品，需留置 15 ~ 30 分钟；<br>护肤：使用水包油型、轻薄的保湿产品，如保湿乳 |

注意：使用护手霜后，请不要让手接触痤疮区域；沐浴时使用护发素后，请将痤疮区域进行再次清洁，特别是额头和背部生痤疮者。

建议：由于痤疮患者多为油性皮肤，头发上有着厚重的皮脂，大量微生物滋生，下垂的头发常常接触面部和背部皮肤，诱发和加重痤疮。所以痤疮患者应该经常修剪头发，或留短发，将头发盘起也是一个好办法。

切记：由于痤疮患者的皮肤已经遭受损害，不论什么样的皮肤类型，一定不能过度清洁。

# 125 为什么毛孔如此明显？

　　顾名思义，毛孔是与毛发相关的孔。皮脂腺排泄分泌的皮脂是通过毛孔到达皮肤表面的。青春期或生理期皮脂腺分泌的皮脂较多，堆积在毛孔周围和皮肤表面，导致毛孔开口处和毛孔内的表皮细胞（包括角化细胞和分化过程中的角质形成细胞）长时间浸泡在皮脂中，影响细胞的正常分化和脱落，导致毛孔大小发生改变。

　　毛孔的大小，与遗传、毛囊皮脂腺分泌情况、激素水平及皮肤自然老化等有关。另外，还与饮食、生活作息、使用高油脂美容护肤产品、慢性紫外线照射等有关。

　　对于毛孔大小，尚无确切定义。如果面部毛孔明显可见，影响美观时，即认为是毛孔粗大。一般人群中，脸部区域较大毛孔的发生率为鼻翼>鼻正面>颊部。男性鼻正面、鼻翼、颊部毛孔粗大的发生率均高于女性。

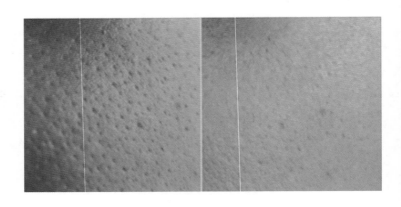

## 126 有哪些方法护理毛孔？

如果感觉自己的毛孔粗大，可能是由于自己的皮肤类型为油性皮肤导致的。

选择合适的清洁产品。如果皮肤大部分时间处于油性状态的话，建议使用清洁力较强的洗面奶，有的洗面奶含有水杨酸，有助于清除死皮细胞堵塞，溶解毛孔中积聚的油，帮助毛孔保持通畅。

清洁后，使用控油的爽肤水，效果会更佳。清凉感的爽肤水只能瞬间收缩毛孔，效果不持久，如酒精、薄荷。使用收敛作用的凝胶类产品，常用含有有机酸类原料的产品，副作用少，收敛效果明显，在较短时间内就能够感受到毛孔变得细致，如单宁酸、柠檬酸、乳酸等。

定期去角质，会使毛孔看起来更小。使用化学去角质产品比较理想，如含有水杨酸、果酸的产品，对于毛孔中的角质栓塞溶解较好，但会造成皮肤变薄，且十分干燥。

注意：清洁和使用爽肤水后，一定不要忘记使用轻薄的保湿产品护理。

柔亮
润泽

## 127 什么是膨胀纹？如何淡化？

膨胀纹，是指当青春期生长高峰，激素水平变化，体重迅速增加，皮肤受到较大机械力牵拉，常常出现在胸部、腹部、臀部和大腿部的萎缩性条索状皮肤改变。

早期表现为暗红色或紫红色的条纹，然后色素脱失、萎缩，最后稳定后呈现出一种白色的皮肤损害。

妊娠纹是膨胀纹的一种，是发生在腹部的。普通人群中妊娠纹的发生率为50%～90%，43%的人在怀孕24周前就出现妊娠纹。出现妊娠纹，与遗传因素有关。

人们尝试着使用橄榄油或激光等很多方法来阻止或治疗这不受欢迎的妊娠纹，但效果不佳。使用含有蓖麻油、海藻成分，复合乙醇酸和果酸等多成分的霜剂，对早期的膨胀纹有效。使用乙醇酸结合维A酸乳酸软膏的治疗方案，可增加膨胀纹中的弹性纤维含量，对改善膨胀纹的外观有一定作用。

# 128 有了"熊猫眼"——黑眼圈，该怎么办？

黑眼圈，就是眼眶周围环形的色素沉着的区域。

进入青春期之前，很少有黑眼圈以及眼部水肿的问题。

进入青春期后，由于学习、工作、生活节奏加快，导致疲劳，眼睛和周围组织代谢失调。血液流动速度减慢形成滞流，就会出现黑眼圈；血管渗透性增加，许多血液成分渗出血管周围组织，引起眼睑水肿。

另外，眼部皮肤过敏后，继发的炎症导致色素沉着，眼周浮肿，浅表毛细血管和皮肤松弛的阴影。形成黑眼圈。

随着年龄增加，皮下脂肪的减少和皮肤萎缩引起毛细血管的显露，颜色偏深。皮下脂肪的缺失和眼周韧带附近皮肤变薄以及颊部的消瘦，使对比度增加，其凹陷显得更加明显，黑眼圈也随之加重。

黑眼圈不但预示着疲劳，还可能预示着身体出现问题，如血糖较高、肾脏功能不好等。

该怎么办呢？

如果因为休息不够，睡眠不足，最好的办法就是增加睡眠时间。要想恢复得快一些，需要针对黑眼圈的眼霜或眼部精华液。

防治黑眼圈的眼霜，多数含有改善微循环的成分，如肝素、维生素K；含有防止毛细血管渗漏的成分，如维生素C；含有抗氧化成分，消除局部"自由基"。

晚上闲下来时，可以用针对眼部疲劳或黑眼圈的眼膜，当然，也可以使用一款敷整个脸部的面膜。还可以使用热毛巾做个热敷，也能有效地改善黑眼圈和眼部水肿。

记住，睡觉前不能喝很多水，免得超过机体代谢，使过多的水分潴留在体内，加重第二天早晨眼部水肿。

## 129 如何进行眼部日常护理？

眼部皮肤非常薄，表皮层的厚度仅是面部的1/5~1/3，皮下脂肪缺乏，与眼睛内的黏膜相连。为此，较脆弱的部位，一定要小心护理。

清洁：选用温和、中性的清洁产品。第一次使用新选购的产品，离眼睛略微远一点的皮肤上使用，感觉安全后再常规使用，揉搓动作尽量轻柔。如果上妆，一定要按照卸妆步骤完成清洁，眼部不要忘记二次清洁。

使用眼霜或眼部精华液：眼霜和眼部精华液均被化妆品研究和开发人员设计为无刺激产品。对于眼部使用彩妆的人，一般先使用眼部精华液，再上妆；对于不上妆的人，直接使用眼霜。首先，根据自己的需求选择眼霜，如保湿、消除黑眼圈、抗衰老等。其次，使用眼霜时，应当将眼霜均匀地涂布在眼部周围皮肤，然后轻轻地按摩，直到完全吸收为止。

防晒：如果一个人出现衰老迹象，眼部皮肤往往最先衰老。为了预防眼部皮肤过早衰老，一定要使用防晒功能的眼霜。如果喜欢在眼部使用彩妆，可以免除使用眼部防晒产品。

佩戴太阳镜：选购太阳镜大有学问！太阳镜既能够遮挡可见光，也能够很好地过滤紫外线。太阳镜不但能够保护眼睛的晶状体，避免过早出现白内障，也能够很好地预防眼部皮肤衰老。

# 130 什么是红血丝？怎样预防？

提到红血丝，大家肯定会想到血管。面部红血丝，医学上称为面部毛细血管扩张，导致面部皮肤泛红。

面部出现红血丝的区域皮肤结构和功能特征为：表皮较薄，皮肤屏障功能下降，与敏感皮肤特征相似。

红血丝，常有家族史，多并发于某些遗传病，发病原因尚不明。

生活中最常见的面部红血丝由高原气候引起，俗称"高原红"。

另外，激素依赖性毛细血管扩张，也称为激素脸。激素类药膏有抗过敏、消炎等作用，但长期使用会影响局部的分解代谢，导致胶原变性，降低毛细血管的弹性，增加毛细血管的脆性，引起局部皮肤的毛细血管扩张、皮肤萎缩和紫癜等。

其他，长期遭风吹、紫外线照射、高温、冻疮的刺激，使毛细血管的耐受性超过了正常范围；利用酸碱物质进行换肤或使用不恰当的祛斑霜，在短期内达到祛斑美白的效果，但致使局部产生炎症，导致皮肤发生过敏反应，从而使面部变红。

预防：生活中避免剧烈的环境变化，如高温、低温切换，弱光、强光切换，饮酒、吃辛辣食物等，减少血管反应；使用中性、温和的护肤产品，像对待敏感皮肤一样进行日常护理。

治疗：出现红血丝后，也不要紧张，使用温水清洁、抗敏保湿产品护肤。也可以选择复合维生素C的面膜，每天使用一次。维生素C可以有效地增强毛细血管功能。

## 131 雀斑、黄褐斑、老年斑是怎么回事？如何预防？

雀斑：常见于面部较小的黄褐色或褐色的色素沉着斑点，约针头至小米粒大小，数量有多有少。雀斑区黑色素细胞活跃，与日晒有关，为常染色体显性遗传。出生时一般没有表现，常见于5岁左右的儿童，女性居多，皮损逐步加重，到成人时部分人有减轻趋势。皮损仅对称分布于裸露部位，特别是面部、手背及前臂伸侧。

黄褐斑：皮肤色素代谢紊乱，多发于生育期女性，也可见于少数男性，表现为颧部、前额或两颊的对称性色素沉着，多呈蝶翅状，也叫蝴蝶斑。轻者淡黄色或浅褐色，重者深褐色或浅黑色。形成黄褐斑的主要因素是黑色素细胞合成代谢增强，与激素变化和阳光照射有关。现代医学研究发现，黄褐斑区域血液瘀滞，痤疮丙酸杆菌活菌数明显较低，产生褐色素微球菌增加显著。

老年斑：人皮肤老化最为突出、最为典型、最为直观的特征之一。中医将它称之为寿斑或衰老斑。随着年龄增长，机体日渐

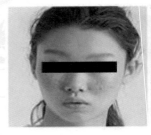

雀斑

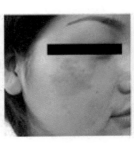

黄褐斑

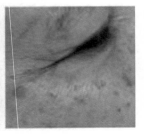

老年斑

衰老，脂褐素加快产生，含量也逐渐增加。然而，老年人组织细胞功能退化，对脂褐素的分解和排泄功能减弱甚至消失，结果使其大量堆积在皮肤基底层内，并刺激表皮产生疣状增生性病变，形成了老年斑。

上述三种斑，虽然出现在不同年龄阶段，但在日常护理的基础上，都需要强调防晒。

雀斑、黄褐斑患者除涂防晒产品以外，出门最好携带阳伞，还需要使用美白、祛斑产品。对于老年斑，主要是以预防为主，进入中年后有意识地使用具有抗氧化功能成分的护肤品，不论是保湿产品，还是美白和抗衰老产品，均可预防老年斑。

# 132 为什么要使用护手霜？

都说手是我们的"第二张脸"，总在不经意中透露出人的气质、个性和素养。

手不仅像面部一样，长期暴露在外，经受日晒风吹，而且还经常在日常生活中接触伤害皮肤的各种物质，如每天的多次洗手、洗衣、烧饭、洗碗等。可是，我们对手的关心和保护却往往不及对脸的重视和照顾。手部皮肤往往会出现干燥、无华、粗糙，甚至提早出现松弛、皱纹、皲裂等老化问题。

为了避免双手变成"园丁手"或"主妇手"，需要选用防护型护手霜。这一类护手霜通常油性成分较高，具有一定的防水性，这样可以在皮肤表面形成油性保护膜，防止水分蒸发以及抵御水溶性化学物质的侵害。

市面上常有的护手霜包括防护型、保湿型和修护型。

## 133 保湿护手霜含有哪些成分？

市场上绝大多数的护手霜都包含保湿功效。

保湿不是一味地注入水分，保湿护肤品模拟皮肤的保水机制，通过吸水性成分从环境和真皮层中吸收水分，通过保水性成分在皮肤表面形成一层封闭性的油膜保护层，来保持皮肤的水油平衡，做到长效保湿。

主要解决手部的干燥、粗糙，甚至出现的一些小裂纹。

常见吸水性成分：多元醇类、透明质酸（HA）、乳酸及乳酸钠、吡咯烷酮羧酸钠（PCA-Na）、神经酰胺类、酰胺类、葡萄糖酯类、胶原（蛋白）类、蜂蜜、玫瑰水、麦芽糖醇、玻尿酸、尿囊素等。

常见保水性成分：凡士林、石蜡、硅油及衍生物、角鲨烷、橄榄油、杏仁油、霍霍巴油、乳木果油、茶树油、羊毛脂及衍生物、水貂油、蛇油、蜂蜡、芥菜油、葵花籽油、金盏花油、夏威夷核果油等。

## 134　市场上流行的修护型护手霜有效吗？

随着年龄的增长，手背皮肤往往出现色斑、皱纹等。

人们大多关注自己的面部，忽略了手部的抗衰老护理。针对手部皮肤的衰老问题，尽管化妆品研究人员并没有特意解决美白问题，但在抗衰老方面用足了成分。

常见成分：绿茶、黑醋栗、葡萄籽油、石榴、可可、橄榄油、羊胎素、海洋肽、红景天素、人参、黄芪、果酸类、核酸类、酵母细胞提取物、胶原蛋白肽、蜂王浆、维生素类（如生育酚、抗坏血酸、烟酰胺）、生物酶类（如SOD、辅酶Q10）等。

这些成分通过促进细胞增殖和代谢、补充胞外基质成分、清除自由基抗氧化等作用机制来加速皮肤新陈代谢和自我修护，能够解决已经出现的手部皮肤粗糙、细纹甚至斑点等问题。

## 135　身体乳需要每天用吗？

身体乳，主要在沐浴后使用。

这里所说的"身体"，是指平时衣物遮盖的身体部分。衣物遮盖部分的皮肤，在结构和功能上明显区别于面部和手部的皮肤。当然，身体部位的皮肤也很少受外界影响，如紫外线照射、空气污染等。

身体乳具有滋润、保湿的作用，用于补充沐浴时清洁皮肤带走的脂质。其中也常常添加一些润滑作用的成分，使皮肤感到滑爽。

并不需要每天使用身体乳，因为身体的皮肤有衣物保护。

## 136 为什么要分化出男士化妆品？

男士长胡子，有喉结，一般情况下比女士拥有更强壮的体格等，这一切主要归因于遗传和机体内激素水平的差异，还因为男女的社会角色不同带来的差异。除上述第二性征差异之外，皮肤结构和生理功能也存在着诸多差异。

（1）男士皮肤特点

皮肤颜色：男士一般比女士深；

皮肤毛孔：男士一般比女士大；

皮肤厚度：男士一般比女士厚；

皮肤血流量：男士一般大于女士；

皮脂分泌量：男士一般多于女士；

汗液排泌量：男士一般多于女士。

（2）男士化妆品

男士特有的化妆品为剃须产品和剃须后使用的产品。男士使用护肤品，主要是解决男士皮肤油脂、汗液较多，男士皮肤较厚难以渗透以及体味较重的问题。一般来说，常规使用的护肤品，男女产品的配方基本一致，主要差别在于产品香型和使用感觉。在男士化妆品开发过程中，化妆品科学家主要关注的产品性能如下。

清洁产品：清洁力较强。

爽肤类产品：强化产品的控油和舒缓。

保湿及功能性产品：轻薄，具有较强的促渗透性。

香型产品：具有男人的阳刚之气。

## （二）选对用对，效果方好

人类的肤色常见的有白色、黑色和黄色，尽管不同肤色的皮肤结构和功能相似，但由于遗传差异，对外界的适应能力存在差异。同一肤色的人种，由于居住的地理位置、所处的季节以及皮肤的类型存在差异，皮肤对外界的反应也有差异。因此，同一款产品，并不一定适合所有的人。另外，随着化妆品科学技术的进步，产品细分化，某些品牌开发了适用于不同季节、不同区域甚至不同小众人群的产品。所以，针对消费者来说，选对用对产品，是护肤的基本原则，是体现产品效果的前提。

# 137 逐渐培养自己的护肤习惯

　　每个人的皮肤状态都不一样，即使是年龄相同、性别相同、生活在一个社区，皮肤也会有所差异。科学家对人们皮肤状态的分类是基于皮脂分泌量的多少，可分为中性（正常）皮肤、干性皮肤、油性皮肤、混合性皮肤。

　　所以，根据自己的皮肤状态，结合科学家对皮肤的分类，选购和使用适合自己的产品非常重要。在此基础上，逐渐养成适合自己的护肤习惯。

　　当然，科学家也根据广大消费者的护肤习惯，归纳出了基本流程。记住，这种流程并非标准，可以根据自己的皮肤状态和需要适当调整。

　　由于早晨和晚上护肤的目的不一样，护肤的基本流程应当分为早晨护肤流程和晚上护肤流程。

| 时间 | 护肤和修饰 | 基本流程 |
| --- | --- | --- |
| 早晨 | 基础护肤 | 清洁—化妆水—精华液—乳或霜（可省略）—防晒 |
| | 裸妆修饰 | 清洁—化妆水—精华液—乳或霜（可省略）—防晒（可省略）—BB 霜或 CC 霜 |
| | 彩妆修饰 | 清洁—化妆水—精华液—乳或霜（可省略）—隔离霜—彩妆和定妆 |
| 晚上 | 基础护肤 | 卸妆—清洁—化妆水—精华液—乳 |

## 138 皮肤的好与差，是父母给的，护肤有用吗？

科学家发现，随着年龄的增长，皮肤的衰老只有大约20%的因素与基因有关，80%归于过多的日晒、吸烟、压力过大、饮食不佳、忽视良好的护肤习惯等方面，久而久之使你的皮肤变老。

我们通常将基因决定称为内因，日晒、环境污染、不良习惯等称之为外因。

在这80%的外因中，日晒又占有80%的比例，在皮肤衰老过程中起着决定性的作用。换句话说，我们实际上可以控制80%的引起皮肤老化的因素。

根据这些外因导致皮肤衰老的机理，化妆品研究人员将研发出适合不同皮肤状态、不同皮肤类型的产品，有效地减少外因对皮肤的损伤。我们可以有目的地选择护肤产品，减少皮肤损伤，延缓衰老。

所以，做出明智的护肤选择，可以享受更长时间健康、年轻的皮肤。

# 139 贵的化妆品比便宜的好吗？

贵的化妆品一定比便宜的好吗？这是一个经常被问到的话题。

科学家告诉你，适合自己的产品，就是世界上最好的产品。由于人与人之间的皮肤状态存在差异，选择适合自己皮肤的产品才是硬道理。

某些护肤品价格昂贵，往往基于以下原因。

化妆品的品牌效应。知名品牌都有严格的开发流程，产品定位，概念形成，原料的选择，技术应用。产品的安全性、稳定性、使用性和功效性均经过严格把关。产品的包装、产品的香型、产品的色泽、产品的使用感觉，均有自己的个性。

研发投入较大，导致产品成本增加。随着科学技术的进步，消费者需求不断增加，护肤品科学家也要持续不断地寻找更有效的原料，如细胞因子、多肽等。事实证明，细胞因子和多肽确实比传统的维生素A、B、C效果好。以化妆品工程师为例，解决新原料在产品中的溶解、稳定、经皮吸收、发挥作用（如脂质体包裹技术）等，也会耗时耗力。上述研究成本需要计入产品价格中，由消费者来买单。

随着我们国家经济发展，化妆品已经成为大众日用品。因此，选择化妆品并不一定单纯从价格上来比较，主要比较是否适合自己。要选择适合自己皮肤类型和使用季节的产品。经过积累经验，产品对自己的皮肤友好，感觉有效，就是好产品。

# 140 选用化妆品的基本常识有哪些？

选购和使用化妆品的基本原则：合法品牌、合法渠道。

化妆品能够增进美容，呵护皮肤健康，是涂抹或喷洒在皮肤上的产品。产品好与不好，不仅仅取决于产品本身质量和品质，很大程度上依赖于皮肤状况。同一季节、同一年龄、同样的性别，如果皮肤类型不同，那么选择和使用的产品就不能一样！

干性皮肤：选用温和的清洁产品，富含油脂的护肤产品，一般情况下使用滋润型的水包油型产品即可。特别干燥的皮肤，可以选用较厚的油包水型产品。

中性皮肤：可以根据自己的喜好选择，没有什么禁忌。

油性皮肤：选择去污能力较强的清洁产品，可以使用肥皂或皂基型洗面奶。对于护肤类产品，尽量选择轻质、滋润的水包油型产品。记住，尽管皮肤有光泽甚至油腻，也不要忘记给油性皮肤补水，因为往往是外油内干。

混合性皮肤：不要像油性皮肤那样清洁，尽量使用温和的清洁产品，如果T区得不到理想清洁，可以针对T区进行专门清洁，使用滋润的水包油型产品即可。当然，也可以按照敏感性皮肤类型护理。

除根据皮肤类型选购和使用产品外，一定要注意季节变化，及时调整护肤方案。另外，随着年龄的增长，婴幼儿、儿童、青少年、成人、老人的皮肤一直在变化，外界对皮肤的损伤也一直在积累，所以选购产品时，要耐心做好攻略。

## 141 选用化妆品需要成套选用吗？

化妆品套装销售和使用，是科学技术的进步。化妆品研究人员对消费者皮肤类型分类，根据不同类型消费者护肤需求、使用习惯以及使用后的效果评价，将适合不同类型消费者护肤过程中的清洁、保养和防护产品科学地组合在一起，以套装的形式进行销售和指导使用。基于品牌销售人员的科学指导和消费者的科学使用，套装是科学的、合理的、正确的。但是，套装并非适合所有类型的消费者。

（1）适合选购和使用套装的人群

中性皮肤：使用护肤品的目的是维护皮肤良好状态，有色斑或皱纹者选购含有美白或抗衰老产品即可。

敏感皮肤：由于敏感皮肤的适应性较弱，化妆品研究人员往往有针对性地选择原料、产品剂型，控制酸碱度等，并将清洁、护肤等科学、合理地组合在一起。

（2）不宜选购和使用套装的人群

油性皮肤或有痤疮的皮肤：由于每个人的油脂分泌状况不一样，或者痤疮的发病阶段以及严重程度不一样，应当选择适合自己的产品，控油或治疗痤疮的套装往往效果不理想。

干性皮肤：使用化妆品后，皮肤干燥程度往往能够很快得到缓解，一开始使用的厚重、油腻的保湿产品，1周或2周后消费者就不再喜欢使用了。

总之，如果存在皮肤问题，最好针对所存在的问题选择产品，而非是套装。

## 142 自我选购和搭配使用化妆品应注意些什么？

如果你信赖或忠诚于某品牌，可以在品牌内进行自我选购和搭配使用产品。当然，也可在不同品牌之间选择和搭配使用。关键是选择适合自己的产品，而不是"跟风"选择和使用。自我选择和搭配时，应当注意如下因素。

季节变化：皮肤类型可能发生变化，譬如，秋、冬、春季皮肤可能比较干燥，比较适合使用厚重的保湿霜。夏天到了，皮肤相对滋润，就可以改为轻薄型的保湿霜或乳，使用的清洁产品也可以换成清洁力强一些的。

生理期的变化：本来是油性皮肤，经期前可能会变成混合性皮肤，T区与面颊部位使用产品的类型也应作相应调整。

痤疮的不同类型：痤疮有很多类型。

（1）非炎症性痤疮

① 白头粉刺；② 黑头粉刺。

（2）炎症性痤疮

① 丘疹；② 脓包；③ 结节；④ 囊肿。

不同类型的痤疮，治疗所使用的产品不一样。当然，所使用的清洁产品也具有较大的差异性。

美白：夏天使用防晒和抑制酪氨酸酶活性为主的产品，冬季添加一款抗氧化能力的美白产品。

抗衰老：年轻者（假性皱纹）多选用保湿和抗氧化产品，年长者（真性皱纹）使用保湿、抗氧化和促进皮肤生长的抗衰老产品。

注意：不同品牌的产品使用的防腐剂和香精存在较大差异，可能增加了皮肤刺激或过敏的风险！在正式大面积使用前，一定在耳后皮肤上小面积试用几天，没有安全问题后再正式使用。

# 143 面膜的种类与选用技巧

## （1）面膜的种类

面贴膜：最普通和常用的面膜，以无纺布、蚕丝或其他生物纤维承载精华液，不仅均匀分布，而且微粒极小，能够很快地透过皮肤进入肌肤内部，能大大提高皮肤对营养物质的吸收和利用。但是，有些消费者对该类面膜有刺激反应，多数原因是膜布材质引起的，而非精华液。所以，选择时要注意适合自己皮肤的膜布。

乳、霜面膜：其实就是在乳、霜产品加入成型的原料，质地和护肤霜差不多，具有美白、保湿、舒缓等效果的面膜大多属于此类。因为质地温和，所以乳、霜型面膜适应性比较广，敏感性肌肤也能放心使用。注意，商家会提醒产品是洗去型还是留置型，如果是洗去型面膜，在使用后必须洗去，否则有些成分长期滞留在皮肤上会导致损伤。

调和膏状面膜：调和膏状面膜里一般会加入深海泥、各种矿物质、植物精油等营养成分。它不仅能够有效清洁皮肤，而且能利用水分软化阻塞在毛孔口的硬化皮脂，使粉刺和黑头很容易地被清除出来。由于具有深度清洁作用，往往具有一定程度的刺激性，所以敏感性的肌肤应该谨慎使用。

撕拉型面膜：撕拉型面膜更多地借助了物理作用对皮肤进行深层清洁。它大多是透明或者半透明的胶状液体，敷到脸上变干后结成一层薄膜，面膜干燥后，通过撕拉的方式将毛孔中的污物带出来，并且为皮肤去掉了死皮。但是撕拉这一动作本身对皮肤的损伤很大，容易引起毛孔粗大、皮肤过敏等症状。

（2）选用面膜的技巧

油性皮肤：调和膏状面膜与其他类型面膜间隔使用。

干性皮肤：面贴膜和乳、霜面膜较合适，不建议使用调和膏状面膜。

混合性皮肤：面贴膜和乳、霜面膜较合适，不建议使用调和膏状面膜。

中性皮肤：没有限制，可以根据自己的兴趣选购。

敏感性皮肤：建议使用乳、霜面膜，可以尝试面贴膜（有些吸收速度比较快，可能损伤皮肤屏障，加剧皮肤的敏感程度）。

## 144 化妆品的禁用要求，必须严格执行吗？使用的先后次序要求，也要遵循吗？

只要化妆品标有禁止某些年龄或部位应用的必须严格执行。

我国化妆品有着严格的要求，尽管有近9000种原料可以使用，但也有一些原料在某些年龄或部位禁止和限制使用。例如，水杨酸和硼酸，成人是可以使用的，但3岁以下儿童，将禁止或限量使用，否则可能会引起皮肤剥脱，甚至会对内脏、肝肾造成损伤等，发生中毒性不良反应。

近年来，"药妆化妆品"这个词出现特别频繁。我们国家将其称为特殊化妆品。在美国具有治疗功效的化妆品拥有双重身份，既是药又是化妆品，需要在药店购买。在日本属于医药部外品，认为这些产品为非处方药。

化妆品专家要求某些产品的使用，要有前后次序，是具有科学道理的。

在日常皮肤护理或化妆过程中，在做好清洁之后，使用功能化妆品时，要先使用轻薄产品，然后使用浓厚产品。例如，精华液含有高浓度的小分子营养物质成分，通过渗透使皮肤吸收达到效果；霜含有较高浓度的油脂，有封闭作用，通过防止水分流失达到护肤效果。如果先使用霜，再使用精华液，由于霜的封闭作用，会使皮肤对精华液中的小分子营养物质吸收大大减少，很难使精华液达到预期效果。

因此，化妆品的科学使用步骤如下：

清洁（卸妆、洁肤、化妆水）——精华液（凝露、乳）——霜（防晒或修颜产品）。

水杨酸、硼酸等

# 3岁以下儿童

## 禁止使用

## 145 精华液、化妆水、美容液、乳液等都是干什么的？

精华液的英文是Serum，是血清的意思。可以想象，精华液含有高浓度的小分子营养成分，利于皮肤吸收，有修护皮肤的作用。根据需要解决的皮肤问题，可分为不同功效的精华液，如保湿精华液、美白精华液、抗皱精华液等，没有严格的使用年龄要求。

化妆水，一般为透明液体，能除去皮肤上的污垢和油性分泌物，保持皮肤角质层有适度水分，具有柔软皮肤和防止皮肤粗糙等功能。化妆水种类较多，可分为润肤化妆水、收敛化妆水、柔软化妆水等。化妆水主要成分有精制水和乙醇、异丙醇等。

美容液，诞生于日本，属于产品的概念创意，比精华液多了爽肤的功能。美容液比一般精华液要稀薄，比化妆水浓厚一些。

上述三种产品，基本不含有油脂。

乳液，含有油脂和营养成分，经过乳化剂将油脂均匀地分布在水中，呈乳液状，是我们日常护肤中的常用产品。乳液可以分为保湿乳液、美白乳液、抗衰老乳液、防晒乳液，等等。

## 146 BB霜、CC霜、隔离霜、粉底霜有什么不同，如何选用？

　　BB霜，是英文Blemish Balm的缩写；CC霜，是英文Color Control Cream的缩写。

　　BB霜：主要作用是遮瑕、调整肤色、防晒、细致毛孔，能打造出裸妆效果。性质较温和，刺激性较小。能在皮肤分泌油脂的同时，保持水分，使皮肤水油平衡。

　　CC霜：主要用于敏感肌肤的皮肤修复和调色。CC霜在改变肤色的同时，也起到一些保养作用。长期使用能从本质上调整、改善肤质和肤色。

　　隔离霜:顾名思义，就是起到隔离的作用。在使用彩妆之前，使用隔离霜，可以有效地防止彩妆对皮肤可能产生的刺激或损伤，保护皮肤抵挡外界伤害，并具有防晒作用。隔离霜还能调整肤色，不同颜色适合不同肌肤。

粉底霜：是粉底的一种。粉底包括粉底液、粉底乳、粉底霜、粉饼。主要功效就是均匀肤色和遮瑕。它能调整肌肤颜色，让肤色看起来更均匀。而且对于细纹、色斑都有非常好的遮盖功能，让肌肤自然无瑕，看起来更健康。粉饼一般用作补妆。

相同之处：从上述定义及其功能描述上来看，它们的功能相近，其配方结构也类同。由于这些产品中均含有粉类成分（与物理防晒剂相当）或防晒剂，所以，它们都具有防晒作用。已经使用了上述某种产品，如果不是直接在太阳下暴晒，可以不使用防晒产品。

不同之处：化妆品研究人员根据消费者的使用场景和使用目的，选用不同的原料和制作不同剂型。BB霜和CC霜，是在粉底霜的基础上，添加一些功能性成分，如美白、抗衰老、保湿等，使这些产品不但具有遮瑕作用，还具有保湿、美白、抗衰老的功效。特别适合于喜欢素颜、裸妆者。

最好是根据自己的皮肤状态选择产品。

①皮肤属于正常状态化妆顺序为：保养（清洁、精华）—隔离—粉底液—粉饼/散粉；

②皮肤状态好，不需要过度遮瑕，化妆顺序为：保养—BB霜、CC霜即可；

③油性皮肤或痤疮皮肤、敏感皮肤：不建议使用BB霜或CC霜。

注意：无论使用哪种修颜类产品，都记得要好好卸妆！

# 眼霜也分类吗？如何选用？

眼霜的质地比较浓稠，含有较多的油脂。它能滋润眼周肌肤，改善皱纹、细纹，减轻眼袋。

眼霜按照功能可以分为以下几类。

滋润眼霜：主要含有保湿、滋润成分，其保湿功能较强，四季均可使用。

去除黑眼圈眼霜：在保湿的基础上，添加活血、抗氧化成分，适合由于生活不规律、熬夜等情况产生的黑眼圈。

紧致眼霜：有特殊的滋养成分，油性成分高于滋润眼霜，适宜有黑眼圈和皮肤衰老现象显著者。

抗衰老眼霜：能抗皱、防晒，四季均可使用。

抗敏眼霜：适宜敏感肤质的女性。

还有两种眼部护理产品：

眼胶：也叫眼部啫喱。功效同眼霜，多用于消除眼袋、黑眼圈，舒缓眼部肌肤症状。由于其质地清爽、不油腻，对于细嫩的眼周肌肤几乎没有不适感。

眼膜：眼膜就像面膜一样，是一种对眼部皮肤急救的方法。可以快速减轻熬夜导致的浮肿和黑眼圈现象。它能快速补充水分，消除疲劳，增强皮肤的弹性。

一般情况下，18～28岁的消费者选用滋润型眼霜即可，29～49岁的消费者选用紧致型眼霜，如果出现皱纹，可以选择抗衰老眼霜。

# 148 用了眼霜，眼睛周围起了脂肪粒怎么办？

长在眼部皮肤上的白色丘疹，里面含有白色物质像脂肪（实际是角蛋白和死亡角质细胞），被人们称为脂肪粒。其实，脂肪粒是一种皮肤病，多数情况下属于粟丘疹或者是汗管瘤。

脂肪粒的出现，通常与内分泌失调有关，小儿出现脂肪粒，是因为受母体激素影响或与外部损伤有关。

眼霜引起脂肪粒的原因，归咎于眼霜厚重、油腻的质地，封堵皮肤孔道。眼霜具有刺激性的成分，刺激孔道周围组织产生炎症，角质细胞角化异常，逐渐形成脂肪粒。

使用眼霜后，如果产生脂肪粒，应当立刻停止使用该产品，改换成轻薄的眼霜或眼部乳液，最好是眼部保湿啫喱。

如果出现脂肪粒，可以使用稀释后的甘油，用卸妆棉蘸取进行局部涂抹，坚持2周，基本可以去除脂肪粒。当然，这种方法并不是对人人有效。记住，一定使用稀释后的甘油。

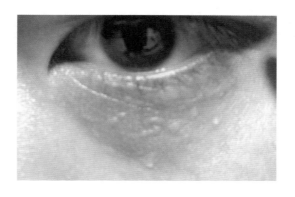

# 149 精油是什么？如何使用？

植物精油是萃取植物特有的芳香物质，取自于草本植物的花、叶、根、树皮、果实、种子、树脂等，主要以蒸馏方式提炼出来。由于精油挥发性高，分子小的萜烯类物质应用到皮肤上，很容易被皮肤吸收，还可以通过气味吸入进入人体。精油的直接作用有杀菌、抗炎、激活细胞等，通过香味，也直接刺激大脑的激素分泌，平衡体内机能，起到美容护肤的作用。但是，由于精油来自植物的萜烯类物质，浓度太高会有毒，即使在低浓度下使用也有可能产生刺激和过敏现象。

精油的分类：

单方精油：从单一植物的整体或某一部位提取出来的精油。如玫瑰精油、甜橙精油等。

复方精油：两种或两种以上的单方精油与基础油按照一定比例调和而成，有时称为调和精油。

基础油：纯天然植物种子或果实，经过低温压榨得来的油脂油（分子量比较大的脂肪酸），与皮肤具有较好的亲和力。

根据选购和使用的目的，选择合适的使用方法。

香熏法：可以滴入适量精油于香熏灯中，帮助提神、安抚情绪，以及提高情调。

吸入法：可以在加湿器中加入适量精油，也可以滴在枕头或滴在纸片上，放在适当位置，通过香气吸入，可帮助提高睡眠质量、预防呼吸道疾病等，有助于黑眼圈的改善。

敷盖法：将精油滴入清水中，充分混悬，浸湿毛巾并拧干后，敷在皮肤上，可以改善皮肤的敏感性、痤疮炎症、毛孔粗大、皮肤暗沉等问题。

沐浴法：将精油滴入浴盆、洗手盆、沐足盆等，可以促进软化角质，滋润皮肤。

按摩、养护头皮：将精油滴入香波中，按摩头皮2~3分钟，可以改善头皮屑、头油、脱发等问题；滴入适量精油于乳或霜中，按摩2~3分钟，可以促进敏感皮肤改善，帮助击退皮肤暗沉等。

注意：精油产品的标签上，应当清晰地标示出精油植物学名称、浓度、日期和批号等。根据精油植物学名称，人们可以了解该精油的功效和作用。如果精油的浓度标示为100%精油，不能直接使用在皮肤上或接触眼睛，否则会对皮肤和眼睛产生严重伤害。另外，注意避免让儿童拿到精油，一旦误食100%精油，请立刻看医生。

# 150 化妆品过敏的原因有哪些？

化妆品过敏的原因有以下几种。

化妆品成分：含有引起皮肤过敏的物质，如香精、防腐剂、表面活性剂（也称乳化剂、去污剂）；某些天然油脂，如植物油中的茶树油、动物油脂中的羊毛脂；具有感官刺激的一些化妆品常用物质，如苯氧乙醇、丙二醇、碳酸钠等。

化妆品配方构成：产品中原料的浓度设计不科学（如多元醇的浓度过高，引起皮肤屏障伤害），所使用原料的纯度标准控制不好。

产品选择：消费者不能根据自己的皮肤类型选择产品，尤其具有过敏体质者选择化妆品不当或使用不当（如干性皮肤使用去污力强的皂基型清洁产品）。

商家标签、说明书夸大宣传，误导消费者，导致消费者使用部位不当，使用频率过高（如过度清洁）等。

# 151 化妆品过敏后如何紧急处理？

化妆品过敏，是许多人遇到的问题，经过简单、合理的处理，会很快恢复。因此，从心理上从容对待，不必惊慌。

首先判断化妆品引起皮肤过敏的原因。

引起过敏的化妆品是一直在使用的产品？还是最近新买的产品？如果是前者，可能是因为天气的气温骤然上升，湿度变大，出汗导致皮肤黏腻；或气温突然降低，寒风骤起，导致皮肤干燥、紧缩。工作节奏加快，家务事情劳碌，心里产生巨大压力，导致机体和皮肤功能失调。当然，个人的生理周期也会有影响。这种情况下，往往自己的皮肤问题是首要原因，化妆品是次要原因。如果是新购买的产品，在没有天气变化、没有个人压力改变的情况下出现化妆品过敏，那么，化妆品就是主要的"元凶"。

不论是一直使用的产品还是新买的产品，如果出现皮肤过敏现象，就应当立即停用产品。

第一时间使用温和的清洁产品洗去化妆品，皮肤自然晾干后，使用轻薄的保湿产品或抗过敏产品安抚；做一次全身清洁，清洁后使用轻薄的保湿或抗过敏产品；在感觉舒服的温度和湿度环境下休息或者工作；心情要放松，很多人都会遇到同样的皮肤问题，并能够自我恢复。

接下来只用温和清洁产品和保湿产品或抗敏产品，停用其他一切化妆品。几天或一周，皮肤过敏会逐渐好转，或者恢复。

当皮肤恢复到日常状态后，可以继续使用之前一直使用的产品，注意不要让自己过多出汗或情绪波动。如果再次感觉不舒服，建议停用。

新买的产品，不舍得废弃，建议在耳后皮肤上小范围使用几天，如果再次出现过敏现象，请停用。过敏严重，需去看医生。

## 152 护手霜可以用在脸上吗？

原则上，护手霜是不能在脸上使用的。

科学研究表明，手部皮肤相对面部皮肤角质层略厚，皮下组织较少，存在着一定差异。手是机体最灵活的部位，主要依靠它来获取外界物质，它将接触面部或身体其他部位所接触不到的东西，从而会遭受更多损伤。为此，化妆品研究人员在开发面部产品和手部产品时是有区别的。面部产品主要用于保养，手部产品主要用于防护。

以保湿产品为例，保湿产品成分主要包括润肤剂（封闭剂）和保湿剂。面部保湿霜，以保湿剂为主，润肤剂为辅，目的增加皮肤水合；护肤霜，以润肤剂为主，保湿剂为辅，目的是对皮肤进行封闭作用，以隔离外界有害物质进入皮肤和减少皮肤中的物质流失。

因此，护手霜不能轻易在脸上使用，由于护手霜含有较多的润肤剂（封闭剂），油性皮肤或有痤疮倾向的人群使用，容易诱发痤疮。

## 153 沐足对美肤的作用

沐足或足疗，属于中医外治疗法，运用中医理论，通过对足部反射区的刺激，调整人体的生理机能，提高免疫系统功能，达到防病、治病、保健、强身的效果。俗话说，要想身体好，经常泡泡脚。

足部，往往是皮肤护理过程中经常被遗忘的"角落"，厚厚的角质层，使脚部皮肤粗糙，甚至呈现出一层厚厚的蜡黄色茧。定期沐足或足疗，可以有效地去除厚厚的角质，敷以适量的足霜，可使脚部变得光滑。

沐足或足疗，可以通过刺激足部的反射区域，改善局部和全身血液循环，促进新陈代谢，消除疲劳，改善睡眠，调节血压，使包括皮肤在内的全身受益。

记住：温水浸泡，至少15分钟；沐足后的保湿，可以使用保湿霜，最好是含封闭剂较多、质地较厚的足部专用保湿产品。

## 154 夏季皮肤容易出油怎么办？

春季向夏季转换时，最大的特点是气温和湿度的高低变化很大，太阳强度逐渐增加。高温、高湿天气，皮肤排出的汗液和油脂"倒灌"堆满脏物的毛孔，往往引起皮肤出现敏感状态。所以，使用温和的清洁产品，彻底清洁皮肤非常重要。当完全进入夏天，皮肤基本上与机体一样，需要适应温、湿度的变化。干燥皮肤趋于中性皮肤，敏感皮肤也变得舒缓。但是，油性皮肤"冒油"越来越多，甚至出现满脸油光的现象。

夏天油性皮肤的护理、清洁与平衡最重要，它不同于中性或干性皮肤，为了能使油性皮肤在夏天同样得到清爽的感觉，选择化妆品的时候一定要注意以下几点。

清洁和爽肤：使用去污力较强的洗面奶；使用含微量酒精的化妆水，调节皮肤酸碱平衡，而且可以紧致毛孔和抑制油脂分泌。

保湿：一定记住保湿，因为油性皮肤一般是"外油内干"。

混合性皮肤，由于T区的皮肤太过油腻，有些消费者根本不顾及U区的干燥，喜欢使用去污力强的清洁产品，使干燥的U区变成敏感皮肤。由于夏天温度高，清洁面部也比较方便，混合性皮肤的人群，应当使用温和的清洁产品，每天多次洗脸。可以使用不含酒精的爽肤水，免得酒精刺激干燥的U区。记住，每次洗脸后要使用轻薄的保湿乳对皮肤进行保湿护理。

## 155 如何预防秋冬季皮肤干燥、掉屑？

从夏季，过渡到秋冬季，气温逐渐下降，湿度变小。一方面汗液和皮脂分泌随之下降，皮肤变得有所不适应，显得干燥；另一方面，经历夏天"暴晒"的皮肤，在衣物的摩擦下，逐渐脱屑，感觉更加干燥。夏季表现为中性皮肤或油性皮肤者，到秋天逐渐变得干燥成干性皮肤，所以日常护理要作适当调整。

日常护理：

由夏季的去污力强的清洁产品，逐渐换成温和型的清洁产品。

保湿产品逐渐由轻薄的乳转换成霜。

记住，尽管秋天秋高气爽，也不要忘记面部防晒。

夏季油性皮肤，秋冬季要逐渐停止使用控油产品。

适当减少沐浴次数，水温不宜太高，骤热骤冷也会引起皮肤损伤，令皮肤发红，出现敏感皮肤现象。使用有滋润成分的沐浴露，浴后立即涂上润肤乳。

天气转凉，脚部皮肤干燥，是足浴或足疗的最佳时机，还要适当使用保湿的护足霜。

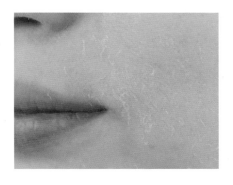

# 156 日常护肤还应该关注什么？

　　根据自己的皮肤特征，理性选择和使用护肤品。

　　养成看气象预报的习惯。关注温度、相对湿度、紫外线指数、污染指数等。这些内容对日常护肤有很大的帮助。紫外线指数越大，说明阳光越强，反之亦然，可以根据紫外线指数选择防晒化妆品。一般情况下，温度在20℃左右、湿度在45%～60%人体会感觉比较舒适，如果温度较高、湿度较大，应当选择轻薄的护肤品，反之，温度低、湿度小，就应当选择比较厚重的护肤产品。

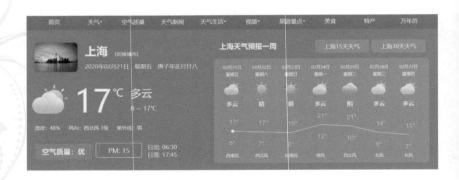

下篇

科学美发篇

**头**发外观，与面容和体型一起，构成人体的整体体貌特征。

古代在美发方面很注重，司马光在《西江月》中写道："宝髻松松挽就，铅华淡淡妆成。"蓬松的发髻，给人以一种舒雅的感觉，再施以淡淡的脂粉，更在雅中增添了几分娴静，这是一种阴柔之美。《木兰诗》写木兰代父从军，胜利归来后，"脱我战时袍，著我旧时裳。当窗理云鬓，对镜帖花黄"。其中的"帖花黄"，"理云鬓"，写出了木兰的少女模样，女性的阴柔之美跃然纸上。

无论堆髻如云还是长发飘飘，秀美、健康的头发自古以来都是形象美的重要组成部分。

皂角、淘米水洗发，何首乌、黑芝麻乌发等美发方法古已有之，人们对"项上三千青丝"的护理从不小视。随着科技的进步，美发产品和技术发展迅速，人们日常使用的头发、头皮清洁产品，不再是老式洗发皂，而是有不同形式的洗发水、洗发露等，功能多样化，包括保湿、去屑、止痒以及洗护合一的调理洗发水。

时代的进步、生活水平的提高，也使更多的人在发型上追求个性美。为了追求时尚，为了展现个人魅力，把原本乌黑的头发染出五颜六色的炫彩，或将直发烫成卷发。因此，烫染发技术也得到长足发展，如染发剂由传统的金属离子染发剂，发展到合成化学物染发剂，再发展到天然植物成分染发剂。烫发的技术也是名目繁多，令人应接不暇。

但是，人们也发现，如果使用洗发水不当，就会引起头发干枯、头皮紧绷；烫染头发后，头发发质明显变差，脆性增加、易断，头皮出现瘙痒或红肿等。诸如此类现象的发生，促使化妆品科学家研究和开发出相应的美发、养护产品，如护发素、发膜等。

本篇整理了头发和头皮的科学知识，包括清洁、美发和养发等环节，希望帮助人们科学、系统地认识和了解美发技术和产品。

头发的外观在人们的整体体貌和自我感觉中起着重要的作用。

从古到今，头发除了具有健康活力的生理意义外，还包含了诸多礼俗、信仰的象征意义，并以发密为健、以发黑为美、以发长为贵。

## （一）了解自己的头发

人的体毛有多的、有少的，有粗的、有细的，有长的、有短的，不同部位的名称也不一样。通过组织学研究，科学家将长在人头皮上的毛发进行了组织命名——头发。不论叫什么，分布何处，毛发都是由毛干、毛根及毛囊三部分组成。毛发露在皮肤外面的部分称为毛干，埋在皮肤下面的部分称为毛根，从表皮向真皮内凹陷形成的管腔称为毛囊。由于毛发是由毛囊表皮细胞分化和角化而来的，不外乎含有蛋白质和脂质，当然，毛发有颜色，必定含有色素。

# 人类的头发

　　头发，不是人类的专利，多数动物以及类人猿都有头发，但是，与动物相比，人类除少数部位有可见的毛发以外，几乎没有毛，头发是人类毛发比较集中的部位。

　　事实上，人类皮肤携带2500万个毛囊。除手掌、脚掌、皮肤和黏膜结合部没有毛囊外，毛囊遍布全身。一目了然的毛发主要包括头发、睫毛、胡子（男性）、鼻毛，还有私密处的腋毛、阴毛，部分人还会有胸毛等体毛。除以上部位外，人体的其余部分也有毛囊，并且长着无色、细小的毛发，就是我们常说的汗毛。

　　就可见的头发而言，大千世界，多种多样，如长发、短发、直发、卷发、黑发、金发，随着年龄的增加，出现白发。

　　为此，做好美发、护发及养发，学习和了解毛发的结构、生长以及生长调节十分必要。

## 158 头发的结构与功能有哪些？

　　头发的结构分为毛干和毛根，毛干在头皮之外，毛根在头皮内部，藏在毛囊之内。

　　毛干：毛干的结构从外向内，由毛小皮、毛皮质和毛髓质组成，毛小皮保护头发，与梳理性有关；毛皮质决定头发的形状和颜色；毛髓质加强头发的刚性和硬度。

　　毛根：藏在毛囊内。

　　毛囊：毛囊内含有大量的干细胞，与血液循环相连，负责头发的生长。毛囊周围有皮脂腺和皮脂腺管，向头发和头皮输送适量的皮脂，润泽头发和头皮。毛囊峡部有立毛肌，与表皮相连，寒冷或受到惊吓时使头发耸立。

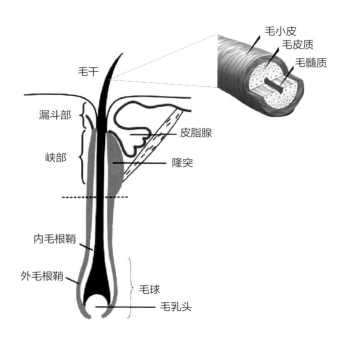

## 159 什么样的头发才算是健康的？

世界卫生组织对头发健康提出了一个标准，即头发有弹性，有自然光泽，没有头屑。我国健康教育协会对头发健康推荐的标准为：无屑、无头痒、油脂分泌平衡等。

另外，头发健康还可以从外观、梳理手感、是否易于定型，以及头皮的健康状况进行判断。

外观：柔顺、平滑、有光泽、靓丽、饱满、动感十足、颜色生动、发丝游离。

感觉：柔软、滋润、干发和湿发时容易梳理、发梢平滑。

形状：不毛糙、易于定型且保持长久。

头皮：无瘙痒、很少脱落。

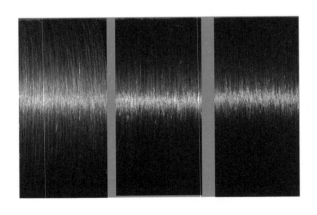

## 160 头发是怎样生长的？受哪些因素影响？

　　毛发不是以连续的方式生长的，而是周期性地生长。一般分为三期：生长期、退化期、休止期。

　　通常有长时间的生长期，2～6年；接着是退化期，1～2个星期；然后毛发进入休止期，经历5～6个星期，并脱落。紧接着，毛发再进入另一个新的生长周期。

　　头部毛囊85%～90%是在生长期，1%在退化期，10%～14%在休止期。

　　这种头发的周期生长，其周期时间长度，与家族遗传、个人健康状况以及所处环境等有关，特别是随着年龄的增长而发生变化。

　　在一生中，除了少数的例外，每个头皮毛囊可以进行20次的循环，也就是说每个毛囊可以长出大约20根头发，但头发的质量会随着年龄增长，长度、直径和密度都在下降。

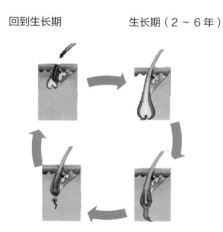

回到生长期　　　　　　生长期（2～6年）

休止期（5～6个星期）　　退化期（1～2个星期）

## 161 头发颜色和形状为什么不一样？

头发的颜色取决于毛囊黑色细胞的遗传表型，形状主要取决于毛囊形状，而毛囊的形状又取决于毛囊深处基质细胞的活性以及角蛋白在皮质中的沉积方式。

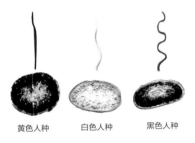

黄色人种　　白色人种　　黑色人种

黑色素细胞可以合成两种黑色素：真黑色素和褐黑色素。黑色素细胞合成两种黑色素的比例差异，导致头发颜色不同。黑色素细胞合成两种黑色素的比例大小，是由遗传所决定的。

黑色人种的头发，主要为真黑色素，色素致密、块状，断面为扁平、带状，呈波浪形。

白色人种的头发，主要为褐黑色素，色素分布均匀，断面为椭圆形，多为直发，也有波浪形的。

黄色人种的头发，介于黑色人种与白色人种之间，头发色素致密，棕色，断面为圆形，基本上没有波浪。

世界上还有红发人群，也是由黑色素细胞合成两种黑色素的比例差异而形成的。至于同属于黄色人种的东方人，头发颜色和形状也有差异，归因于家族和个体差异（历史上战乱、迁徙等）。

| 种族 | 主要分布 | 直径 | 断面 | 色素 | 鳞片 | 波浪形 |
|------|---------|------|------|------|------|--------|
| 黑色人种 | 非洲 | 60 ~ 90 微米 | 扁平、带状 | 致密、块状 | — | 普遍 |
| 白色人种 | 美国、欧洲、中东国家 | 70 ~ 100 微米 | 椭圆形 | 分布均匀 | 中等 | 不常有 |
| 黄色人种 | 亚洲 | 90 ~ 120 微米 | 圆形 | 致密、棕色 | 厚鳞片 | 没有 |

# 你知道吗，头发上也有皮脂膜？

有人会说，最近头油特别多，显得头发特别油腻。

毛发结构中，毛囊周围有一个附属器官——皮脂腺。皮脂腺是分泌皮脂的器官，它的导管与毛囊相通。每个毛囊上都附有一个或几个皮脂腺。皮脂腺所分泌的皮脂，皮脂与头皮的汗液、脱落的细胞混合形成皮脂膜。皮脂膜具有很好的延展性，由近至远分布在毛干上，为毛发增添光泽，保护头发使其变得柔顺。

不同人、不同年龄、不同的生理周期、不同季节，皮脂腺分泌的皮脂量不同。

皮脂分泌过多，皮脂引起表皮角质细胞角化障碍，会堵塞毛孔，出现头皮屑，如脂溢性皮炎。皮脂分泌过少，头发出现干枯、无光泽、凌乱、不好梳理等。

头发上的皮脂膜，优点是保护头发，滋润头发；缺点是在阳光照射下氧化酸败，损伤头发，加上皮脂膜容易吸附大气污染物，加剧头发损伤。

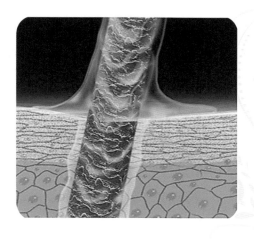

头发上的皮脂通常拒绝水分的存在。当用清水冲洗头发时，黏附在头发上的污物、头皮屑等不容易去除，必须使用洗发水，才能够去除污物和头皮屑。

## 163 毛发里都有什么物质？

毛发的物质组成和化学性质，赋予了毛发很多独特的功能。毛发主要成分为角蛋白，占毛干总量的85%～90%，此外还有微量元素、脂质、色素及水。

头发中的角蛋白：约20种氨基酸组成，如胱氨酸、赖氨酸、天冬氨酸、组氨酸、蛋氨酸、亮氨酸、酪氨酸等。胱氨酸含量一般高达12%以上，它含有二硫键。

毛发中的脂质：附着在毛发表面的脂质和毛发内部固有的脂质。内、外部的脂质的成分没有差异，主要是游离脂肪酸、蜡类、甘油三酯、胆固醇和角鲨烯等。脂质含量因人而异，占毛发的1%～9%。

毛发中的色素：在毛皮质的螺旋状蛋白质纤维间，有像一串串珍珠状的色素颗粒，这些色素颗粒使毛发呈现出色泽。

毛发中的微量元素：有铜、锌、锰、钙、镁等，还有磷、硅等无机成分。微量元素占毛发的0.55%～0.94%。另外，微量元素也与头发颜色相关。

毛发中的水分：温度25℃，相对湿度65%的情况下，通常含有12%～13%的水分。同一个人，所处环境不一样，毛发所含水分也不同。

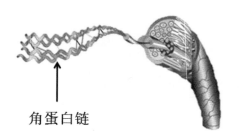

角蛋白链

## 164 头发上孔越多，越能吸水

头发上有孔，有人可能不相信！

头发上的孔，用孔隙度来表示。

就毛干而言，毛发孔隙是指水或化学物质通过头发毛小皮进入毛皮质的能力。所有的头发都具有天然的多孔隙，对水具有一定的通透性，但完整的头发通过毛小皮，特别是毛小皮的外表皮是由18-甲基二十烷酸组成的疏水（耐水）脂层，通常被称为f层。f层具有天然抵抗作用，对外来物质具有一定的屏蔽性。正常的、未受损的毛干，水从皮质层进入或流出的速度是缓慢的。

为了表达头发的孔隙度，通常将头发浸入水中，测量在一定时间内头发重量增加的幅度，用0~100%之间的百分比，来表示头发的孔隙度。

正常健康的头发，毛小皮是紧凑的，毛皮质是完整的，抑制水分进入头发及水分流出。然而，头发在水中可以吸收高达200%的自重量，最常见的是出现在染发时，使f层被移除后，毛皮质基本上是打开的，毛小皮中的角蛋白已经受损。

多孔性的头发是干燥的，而且容易产生末端分叉。毛皮质损伤的头发是脆弱的，随着时间的推移和反复烫染发等处理，损伤会逐渐积累加重。受损程度越大，洗发时毛皮质就会吸收水分越多，头发膨胀得越厉害，同时，当头发干涸时，从头发中流失的水分也更多。

## 165 头发上的静电是怎样产生的？

中学时就已经学习了"摩擦生电"的知识。

每当梳理头发，梳子与毛干之间就会产生摩擦，摩擦产生的静态电荷将积聚在头发上。这在炎热、干燥的天气尤为明显。电荷往往排斥邻近的毛发，带电的

毛发永远不能平滑地靠在一起。其结果是头发难以管理，杂乱无序，非常难看。

## 166 头发有弹性——避免拉断和折断

每天都要梳头，不论使用什么样的梳头工具，健康的头发都不会被拉扯断或折断，在梳理过程中，还可以感受到头发的弹性和韧性。

强度和弹性是头发的重要属性。

强度：单根毛发可悬吊100克的重量而不被折断。这主要与毛皮质中角蛋白的结构组成有关，角蛋白分子在毛皮质中组成有规则的结构，半胱氨酸通过二硫键形成较强的化学结构。

弹性：构成毛发纤维的角蛋

白多肽主链的空间结构在通常情况下为α－螺旋，在拉伸时变为锯齿状的β－角蛋白，长度约增长到原来的2倍。当健康的头发被湿润和拉伸时，它的长度可增加30%，干燥后仍能恢复到原来的长度。超过30%的拉伸会造成损伤，导致无法恢复甚至断裂。

湿发和干发的强度和弹性性能与毛干的直径有关。头发越粗，就越容易抗拒伸展。

# 167 头发分为不同发质类型，如何判断？

有人头发油，有人头发干，有人头发好梳理，究竟怎样进行分类呢？

化妆品行业提出以下的分类方式：

中性发质：头发上的油脂量适中，不油腻、不干燥，有健康的光泽，发质柔软、顺滑，易于烫发和染发。

油性发质：头发上的油脂过多，油光发亮，常常黏附着较多的污物或头皮碎屑，头发贴附在头皮上，难于烫发和染发。

干性发质：头发上的油脂较少，干枯无光泽，易分叉，容易烫发和染发，但难于保持长久。

混合性发质：发根部比较油，发梢部分干燥甚至分叉。

另外，根据国际行业的发展，有专家提出另外两种类别。

受损发质：头发发叉、不柔顺、不服帖、孔隙度较大，显微镜下表现为毛鳞片脱落，烫染发效果不好。

抗拒发质：头发较粗、较硬，显微镜下表现出毛鳞片较厚和层数较多，难以定型和梳理。

# 168 温、湿度对头发的影响

空气越湿润、头发含水量就越大。空气干燥时，头发含水量较低。温、湿度对头发的影响如下：

（1）高温和高湿环境

① 更多的水分；

② 减少静电；

③ 折叠或塌陷。

（2）高温、低温和低湿、干燥环境

① 水分减少；

② 更多的静电；

③ 蓬松、体积变大。

当头发处于高湿环境时，毛皮质会膨胀，毛小皮鳞片的边缘也会上升。因此，潮湿的头发摩擦力更大，但不像干发时具有较大的静电。

在头发的许多特性中，调节水分含量是维护头发健康最主要的特性之一。如今，人们慢性头发脱水现象比较普遍，特别是过度烫染、清洁、梳理、吹烫，超过头发自我调节能力，会损害头发。

湿度

低湿度      高湿度

不同湿度下头发结合水的多少

# 太阳照射与头发损伤的关系

日晒给头发带来的损伤，是近年来研究较多的方面。阳光中的紫外线照射可以引起头发表面和内在的变化，主要表现在以下几方面。

① 可使头发中的二硫键打开，胱氨酸转变为磺基丙氨酸，同时色氨酸、酪氨酸等含芳香环的氨基酸会在紫外线照射下降解，使头发组织发生变化，头发变粗糙，头发褪色。

② 引起皮肤表面脂质和内在脂质过氧化，产生具有损害作用的过氧化物。

③ 导致头发中的蛋白质变性，在蛋白质结构中，受影响的主要成分为氨基酸残基，如含硫残基的胱氨酸和蛋氨酸，以及色氨酸、酪氨酸和苯丙氨酸的含芳香残基。破坏了毛小皮的完整性，孔隙度增加。引起毛皮质中的二硫键断裂，使头发变得脆弱易断，失去弹性。久而久之，使头发毛糙、缠结、发梢分叉、难于梳理。

④ 可以漂白黑色素，特别是在黑色素含量较低的头发中，即金色和浅色头发，这种头发脱色现象会更明显。女性也可能注意到，永久性染发剂被紫外线照射后会出现漂白现象。当然，经常清洗也可以迅速褪色染料，在现实生活中，确实不太容易区分紫外线照射还是经常清洗引起头发脱色。

# 170 头发的自然"风化"现象有哪些？

头发从毛囊开口出来，处于最完美的状态。在正常生长过程中，随着头发延长，将不间断地遭受外部因素损伤，如周围环境、洗发以及烫发和染发、电吹风干发、梳理等，发尾端的头发质量下降，这一过程被称为"风化"。头发的"风化"，一般长发出现居多。

日常生活中，头发不可避免地受到风吹、日晒、摩擦等，这些都对头发造成损伤，这些损伤具有累积性，从不可见逐渐变得可见。

① 风吹：使头发飘动、飞舞，产生摩擦，将机械性损伤毛鳞片，磨损、折断或脱落，风吹将加速头发脱水。

② 日晒：日晒对头发形成损坏。

③ 空气湿度较高时，水分使头发膨胀，增加梳理时对头发损伤的程度。

④ 头发暴露在空气中，自然会受到空气中污染物的影响，如污染物中的铜离子。

⑤ 淡水或海水中游泳，水中可能含有如铜和铁等一些金属，这些金属离子被头发吸收。头发吸收铜可加速头发着色和紫外线照射等氧化过程造成的损害。使用硬水洗头，香波中的调理剂如硅油等沉积会减少，泡沫量也减少。

# 171 头皮屑是怎么回事？

目前全世界约有50%以上的人群受到头皮屑问题的困扰，青年人为多发人群并且病症较严重，通常男性发病率高于女性。

头皮屑是一种慢性、易复发、较常见的头皮问题，相比正常头皮，头皮上或头发里出现薄片状的皮屑即为头皮屑。正常情况下，表皮细胞脱落（一种蛋白酶负责）与细胞再生处于动态平衡，完全角化成熟的角化细胞聚集组成直径小于0.2mm肉眼不可见的团块脱落。当表皮细胞不能正常脱落，打破与细胞再生之间的关系，形成肉眼可见的角化细胞团块时，则被视为头皮屑。

引起头皮屑的机理，有以下几种说法：

（1）马拉色菌引起头皮屑

马拉色菌以头皮油脂为食而存活，其代谢物或裂解物会刺激头皮产生炎症，损伤头皮皮肤屏障，打破表皮细胞脱落和增殖平衡，出现头皮屑。故如今的洗发产品中出现众多的含有杀灭马拉色菌成分的洗发水。

（2）头皮干燥引起头皮屑

干性皮肤或因为洗头频繁而引起的头皮干燥，导致头皮皮肤屏障受损，使负责表皮细胞脱落的蛋白酶活性下降，导致表皮细胞不能正常进行肉眼不可见的脱落。这种头皮屑，往往是指粒径比较小、银白色的头皮屑。消费群体中已经有人发现，使用婴幼儿的洗发水、保湿营养性洗发水，可以缓解头皮屑，其原因在于呵护了头皮皮肤屏障。

（3）脂溢性皮炎引起头皮屑

所谓脂溢性皮炎引起的头皮屑，就是由于头皮分泌油脂过多，油脂中的长链脂肪酸抑制头皮表皮细胞的正常脱落，加之油

性头皮缺水，降低正常脱落过程中的蛋白酶活性，严重程度大于干性头皮出现的头皮屑。这种头皮屑，往往是指大块的、颜色比较深的头皮屑，其实，脂溢性皮炎已经属于皮肤病，应到医院进行检查和治疗。

## 172 头皮瘙痒怎么回事？

瘙痒，是一种能够引起搔抓欲望的不愉快感觉，是各种环境因素或者患者生理异常诱发的危险信号。头皮瘙痒是最常见的皮肤瘙痒部位，引起头皮瘙痒的原因有如下几类。

（1）外界刺激引起头皮瘙痒

① 长时间不洗头，导致大量皮脂、污物在头皮上堆积。这些堆积的油脂和污物，在阳光、氧气、微生物等作用下，产生大量刺激性的物质损害头皮皮肤屏障，触发皮肤细胞产生细胞因子，激活皮肤瘙痒受体（TRPV-1），出现瘙痒。

② 频繁洗头，洗发水将头皮上大量脂质带走，没有及时护理头皮，引起头皮皮肤屏障损伤，久而久之，头皮出现瘙痒。

③ 过多使用美发产品，如护发素、发膜、定型产品等，大量美发成分在头皮上沉积，在微生物和外界污物的作用分解下，产生刺激性物质，导致头皮皮肤屏障损伤，诱发瘙痒。

④ 季节性头皮瘙痒，与头皮分泌皮脂多少有关，皮脂过少，往往导致皮肤屏障功能下降。

（2）皮肤病引起头皮瘙痒

皮炎、湿疹、荨麻疹、接触性皮炎、结节性痒疹、皮肤干燥症、浅部真菌感染、银屑病和特应性皮炎等引起皮肤瘙痒。

（3）系统性疾病引起头皮瘙痒

糖尿病、胆汁淤积症、慢性肾病、肿瘤等系统性疾病，机体会产生一些能够激活瘙痒受体的物质，导致皮肤或头皮瘙痒。

（4）紧张、焦虑引起头皮瘙痒

紧张和焦虑等，会引起交感神经兴奋，神经末梢将释放神经因子，激活瘙痒受体，产生一过性瘙痒，特别是晚上夜深人静时，这种现象表象特别突出。

## 173 哪些脱发需要引起重视？

很多人都有脱发的困扰，尤其工作节奏快、生活压力大的中青年群体，脱发使其非常痛苦，特别是突然大量脱发，严重影响个人的生活质量。

非正常脱发，有急性的，也有慢性的；有局部的，也有弥漫性的。

这里有一个名词非常重要，叫作"急性休止期流出"，在某些触发因素作用下，诱发大量毛囊进入其休止期。急性休止期流出在触发因素作用后2～3个月出现，最常见的触发因素包括全身疾病、药物作用、发烧、压力、生育、缺铁和炎性头皮疾病。每天脱落超过200根头发时，脱发被认为是严重的。

（1）休止期脱发

生育、接受大手术、大幅度减肥、心理重压等过后6周至3个月可能会出现休止期脱发。最严重时，洗头、做头发或梳头时可能会大把掉发。休止期脱发也可能与服用某些药物有关，如抗抑郁药、β受体阻滞剂、非类固醇抗炎药等。

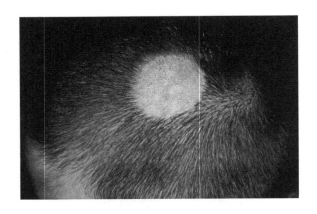

（2）遗传性脱发

也称雄激素性脱发，是最常见的脱发病因。遗传性脱发可能从20岁就已开始。脱发基因可能会来自父亲或母亲，如果双亲都脱发，子女脱发危险就更大。对于头发，雄激素则是起着下调作用，能使终毛转变为毳毛。当体内雄性激素过高，Ⅱ型5α-还原酶将睾酮代谢成二氢睾酮(DHT)，后者进一步与细胞核雄激素受体结合从而调节靶基因转录，使毛囊逐渐萎缩，影响毛发生长，在头顶部表现比较明显。雌激素有对抗雄激素的作用，因此女性在绝经前较少出现脱发严重现象，而绝经后雌激素水平下降，脱发的发生率升高，且颜色上也有改变(白发增多)。

（3）慢性疾病、营养不良以及人为的毛囊损害

甲状腺机能减退、系统性红斑狼疮、真菌感染；缺铁性贫血等微量元素缺失等；头发洗、烫、染过于频繁，也容易损害发质及发根导致头发易断、易脱。

（4）其他

斑秃，是一种骤然发生的局限性斑片状脱发，与焦虑和紧张相关。在年幼时，局部大面积头发脱落，通常被认为是颈部的秃斑（衣领型），与头发营养不良和摩擦有关。

## 174 产后掉头发的真相是什么？

女性经过青春期以后，体内性激素从无到有，从少到多，身体的内环境经过一阵调整之后达到了平衡。怀孕以后，体内性激素的比例又经历一次调整。产后胎盘的娩出，使得体内之前调整好的激素比例又发生了改变。

妇女妊娠期间，雌激素、孕激素水平较高，头发生长期毛囊比例增加，且毛发增粗，而分娩后体内雌激素、孕激素水平迅速下降，休止期毛囊比例显著增加，在产后2～3个月后出现脱发。

科学家研究发现，妇女怀孕中晚期，以及分娩后一周，头皮的毛囊约95%处于生长期。分娩6周后，这一比例下降到76%左右，并在3个月内保持在低位。妊娠期激素维持毛囊在生长期，但在分娩后，许多进入休止期，出现生长期流出，导致毛囊同步的部分脱落。有哪些激素参与还不确定，因为人类毛囊有催乳素受体和17β-雌二醇受体，那么雌激素和催乳素参与产后脱发是有可能的。

分娩时如果发生产后大出血，机体会出现强烈的应激反应，甚至出现席汉综合征，非但头发会脱落，甚至连阴毛、腋毛都会脱落。产后脱发，无论脱发程度如何，都属于生育过程中的一种现象，不必紧张，经过产后调理，秀发会恢复的。

# 175 衰老的头发表现——白发和脱发

出现白发，是一种年龄相关的自然特征。头发变白及出现时间与衰老进程密切相关，在所有个体中，都有不同程度的发生。

出现白发的平均年龄，白种人为（34±9.6）岁，黑种人为（43.9±10.3）岁，黄种人介于前两种之间，晚于白色人种，早于黑色人种。根据澳大利亚科学家对白色人种浅色头发研究报道，在50岁时，50%的人群具有至少50%的白发。

白发的发生率与性别和头发颜色无关。但出现的部位，有着性别差异，男性白发通常始于太阳穴部位（两鬓）和胡须；女人通常会沿着发际线开始出现白发，再在头的顶部、侧面和背面长出。

白发具有遗传性。通过观察与灰白头发人有亲缘关系的人，表现出明显的早期灰白出现时间和分布的一致性。

如果白种人在20岁之前出现白发，黑种人在30岁之前出现白发，那么称为过早变白。就黄种人而言，20多岁（可认为25岁）头发出现花白，医学上称少年白发，俗称"少白头"。

经常有人抱怨："我年轻时头发是多么密，再看看现在。"

随着年龄的增长，不论男女，最常见的是头发密度下降，这种表现以扎辫子较多的女性感知最为明显。可悲的是，当感觉头发总量明显减少时，大约50%的头发已经失去了。

头发密度：随着机体衰老，头发密度逐渐下降，如女性的头发密度从35岁的293根/cm$^2$下降到70岁时的211根/cm$^2$。

头发直径：平均头发直径从22岁开始增加，到35岁左右达峰值，随后随着年龄的增长逐渐缩小。

头发生长速度：随着年龄的增长，角蛋白的产生速度减慢，毛干变细，终毛的平均直径也随之变小。头发生长周期在前一个休止期到开始一个新周期之间的间隔时间会延长。更严重者，有些毛囊停止工作，也就没有新发再长出来。

## 176 引起头发老化的原因有哪些？

头发作为皮肤的一部分，属于机体最外面的器官，不但随着机体的衰老而衰老，还由于它直接接触外界环境，衰老的进程会比较早，严重程度会比较高。头发的衰老主要表现在头发密度下降、生长期毛囊比例减少、头发黑色素合成障碍，且头发直径逐渐变细，毛球直径也变小。头发衰老的主要原因有：

① 性激素有关的毛囊机能降低；

② 毛囊、毛球部及头发生理机能低下；

③ 头皮紧张造成的局部血液循环障碍，引起毛囊和毛乳头的末梢毛细血管的流量减少，毛乳头和毛母细胞的养料物质供应不足，使头发的生长出现异常；

④ 营养不良、微量元素缺乏、抽烟及药物副作用等；

⑤ 工作紧张、思虑过度、忧虑及失眠等精神因素；

⑥ 家族性遗传因素；

⑦ 不合理的洗护、烫发和染发等。

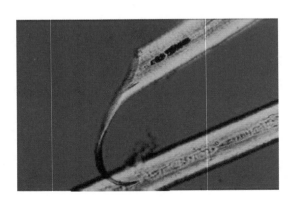

# 177 梳理和剪发是怎样引起头发损伤的?

梳理和剪发对头发的损伤,是机械性损伤,是指使用工具用力对头发进行梳理时的牵拉、摩擦,剪发时的切割等,这些过程中对头发的损伤。

梳理:梳理时,梳子对毛小皮(毛鳞片)损伤主要是磨损、折断、带走。逆向梳发对头发损伤尤其严重,使毛鳞片外翻,特别是当头发处于湿润和缠结的状况下会造成严重损伤。久而久之,造成头发的毛糙和干枯。梳理头发用力过大,也会造成头发韧性下降。梳子的材质和质量,对头发保养非常重要,坚硬的金属梳子容易对头发造成损伤,制作粗劣的梳子往往会与头发产生较大摩擦,将加重头发的受损程度。

剪发:钝剪刀剪头发,会导致长而锯齿状的边缘,毛小皮鳞片特别容易受到进一步伤害。造型师使用高质量的钢剪刀,剪刀非常锋利,剪发干净利落,使头发受损程度减小。

吹干:吹风机是最常见的干发工具,大约50%的女性每天使用吹风机。吹风机吹出的空气温度通常高达100℃,能够使头发表面的水分蒸发,达到干发的目的。当头发表面的水分完全蒸发后,干爽舒适。但是,头发干爽后继续使用吹风机吹发,将会使头发内部水分(正常的毛发含有10%~15%的水分)蒸发,会发生毛小皮开裂。更严重的是,吹风机吹出的风温度过高时,会使头发迅速干燥,此时头发内部的水分却不能迅速蒸发,内部水分变成"沸腾"状态,在头发内形成很小的蒸汽泡泡,导致头发弹性降低、脆性增加。

# 178 一年内，头发的遭遇知多少

在一年内头发大约仅会增长12～15厘米，可知头发会遭遇到多少伤害吗？

科学家做了一个调查，一年内头发需要承受的伤害如下：

超过1000小时的阳光（紫外线）照射；平均200次洗头；梳理超过5000次；超过750次的吹干；约6次烫发或染发。

一个人一年内头发遭受各种有害因素的伤害，如风吹日晒、空气污染、清洁和梳理、修剪，以及吹、烫、染发等。这些因素不是孤立存在的，头发的最终损伤是由所有这些因素的综合作用而定，损伤程度取决于它们发生的频率和强度。如果妇女拥有40～50厘米长的头发，按照每年长12厘米，那么头发末端可能会累积三四年的有害因素。这些有害因素大多改变蛋白质和脂质结构，影响头发的精微结构。这些有害因素本身是无法察觉的，但可以通过科学技术手段观察结构变化。

通常情况下，头发的变化是从微结构和单一纤维的变化开始，最终将表现为宏观结构或整体头发的变化。越来越多的纤维失去毛小皮，皮质最终会暴露，这将进一步减少光泽，并导致头发变形、卷曲、末梢分叉。随着蛋白质损伤的增加，头发的抗拉强度会下降，最终导致头发断裂，结果可想而知，在梳头、洗头时脱落的头发逐渐增加，干发后发现头发也失去往日的光泽，毛糙、卷曲也逐渐出现。

下图中为30厘米长的头发遭受的损伤程度。

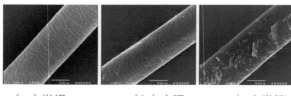

（a）发根　　　　　（b）中间　　　　　（c）发梢

## （二）我的头发有问题吗？如何处理？

头发直接暴露在外环境中，遭受空气污染、阳光直射。

日复一日，一次又一次地剪、烫、染、拉等，引起头发损伤和损伤积累。

随着年龄的增长，头皮的自我调节能力逐渐衰退。

上述这些因素造成头皮保护屏障功能降低，毛发休止期延长，头皮毛囊变小，毛囊毛细血管减少，黑色素形成降低及头皮受损变薄，引起头皮油腻、敏感、干燥、瘙痒，出现脱发、白发和头屑等症状。日本花王公司调查结果显示，70%以上的健康男女在夏季和冬季都有头皮问题，出现红斑和炎症占70%，出现头屑占30%，出现头皮疙瘩占20%。资生堂对20~59岁的101位日本女性进行头皮健康状态调查显示，有头皮发红、干燥、起疙瘩及头屑等问题的人群占66%。可见，大多数健康人群的头皮并非处于健康状态。

## 179 头发油光发亮该怎样护理？

头发油光发亮，甚至出现黏腻感，说明属于油性头发，皮肤也往往属于油性皮肤，当然，有时候油性头发和油性皮肤也并不完全一致。

当头发出现油光发亮时，不论发质如何，均要选择去污力比较强的洗发水，以保证能够把头发和头皮上的过多油脂和污物清洁掉。如果头油多，并伴有过度脱发者，可以使用防脱发或防掉发洗发水。选择使用一般的轻质护发素即可，或不使用护发素。

如果发质较为细软，容易贴头皮，建议不使用任何定型产品，以免定型产品将头发压塌。对于发质粗硬者，可以使用啫喱或发胶对头发进行定型，男士可以使用发油来定型。

洗头的次数可以适当增加，利于头发外观艳丽，头发、头皮健康，减少脱发。

注意：头油的多少与年龄有关，并非终生均是油性头发。头油的多少也随季节的变化而变化。所以，在护理头发时，一定根据自己头发的具体情况而做出具体的护理方案。

# 180 头发为什么会出现怪怪的酸臭味？

很多人都知道，工作日应避免吃一些有臭味的食物，免得周围人生厌，因为吃了这些有臭味的食物，气味不但从嘴巴中散发出来，还会伴随着皮肤正常呼吸，排出气味。

那么，头发上怪怪的酸臭味，是怎么回事呢？

头发上出现酸臭气味，一般为油性皮肤，伴有较多的头油者。其主要有以下几种原因：

① 头发上有过多的油脂，吸附所处环境中有气味的物质；

② 头皮、头发上的皮脂膜中含有大量微生物，微生物分解代谢皮脂膜过程中产生的挥发性物质；

③ 头皮、头发上皮脂膜中油脂在阳光、空气污染物作用下，形成挥发性物质；

④ 头发上美发产品中脂质、香料的变性。

## 181 头发发涩、不顺滑怎样护理？

头发发涩、不顺滑，是由于头发毛小皮受损。科学家发现，发涩和不顺滑的头发，毛小皮会翘起、磨损，有些部位出现脱落。

导致头发发涩和不顺滑的原因多种多样：日晒、风吹、气候干燥或潮湿等；日常过多或不适当的头发护理，如梳理、热吹风、烫发、染发等而造成了毛发不同程度的损害。

可以采取以下的护理方式：

① 如果户外互动较多，可以戴头巾、帽子，避免日晒和头发飘逸中相互之间的摩擦；

② 减少美发次数，如减少热吹风、烫发或染发的次数；

③ 使用清洁力相对弱一点的洗发水，洗发后使用含修复毛鳞片作用的护发素，在毛发上形成薄薄的覆盖膜，具有使头发柔软、平滑和保湿的作用，易梳理，尽量使毛小皮得到最大限度地保护。

可使用的护发素成分包括：高分子硅油、保湿成分、营养成分。当然，也可以使用含防晒剂的护发素。

头发无光泽怎么办？

头发有光泽，是头发健康最主要的标志之一！

头发光泽，是光线照在头发上反射进入人们的眼睛后，使人对头发产生的一种视觉感受。然而，很多因素都会影响头发光泽，如光照环境、头发颜色、头发表面光滑度、头发密度和发型等。

日常美发、护发所能做的是解决头发表面光滑度。

理发：修剪毛糙的发梢，是做好头发护理的基础。

洗头：使用比较厚重的、含油脂较多的洗发水，以及含有油脂和硅油较多的护发素。

干发：不要过度吹干，让头发保持一定的湿润感。

定型：使用发蜡或发油比较理想，不仅可以改善头发表面光滑度，发蜡和发油本身也具有一定的光泽感，增加头发的光泽。

如果自己护理感觉不理想，可以去专业理发店做焗油护理。

## 183 头发又多又卷曲怎么办？

头发又多又卷曲，本来整理好的头发，走在路上一阵风吹来，便散乱了，让人很懊恼。怎么办呢？

首先，要经常找专业理发师修剪，尽量打薄。

洗头时，最好使用含有油脂较多的洗发水，使用含硅油的护发素。这样头发既滑顺又保湿，增加头发的重量，使其柔顺。

干发时，不要把头发吹得太干，保持滋润，以减少头发之间相互摩擦产生的静电。

干发后，使用啫喱、发胶，或摩丝、发油均可，使头发能够定型。

## 184 发质硬，不好梳理怎么办？

过于硬的头发，尽管已努力梳了很多次，却还是不服帖、顺直，依然有毛毛的感觉。怎么办才好呢？

理发：告诉理发师，尽量让头发留得长一些，中高层次打薄为好。

洗发：使用厚重的、含有油脂多的洗发水，并且使用较厚的、含油脂、硅油多的护发素为好。洗发水和护发素中的油脂可以沉积在头发上，使头发柔顺、光滑。

干发：吹发前，把头发擦至不滴水，抹上有修护功能的发乳，发乳中油脂可以软化头发，使头发更加柔顺。

定型：质地较为厚重的发油、发乳、啫喱定型效果比较好，特别适合粗硬的头发。

注意：依据自己的发量，挤出适量的发乳，用双手先进行搓揉。在头发八成干的状态下，用双手将发乳在头发上抹匀，如果蓬松得厉害，就再加一些，但不要太多，否则会感觉油腻。在特别蓬、硬或是想造型的部位，涂上发油，用手按压后，再轻轻地把头发拉直。

## 185 头发扁塌、贴头皮怎么办？

头发扁塌，往往发质细弱，很难做出漂亮的发型，只能任发丝无奈地贴在头皮上。

理发：尽管发质细弱，如果足够多，建议让理发师做层次理发，以减少部分头发的重量，较短的头发末端可以外翘，使头发显得蓬松。

洗发：尽量不使用厚重的、油脂较多的洗发水，并且尽量选择轻薄的护发素，以免油脂等调理剂吸附在头发上，增加头发的重量。

干发：正常吹干即可。梳子搭配吹风机顺着头发的层次，边吹边梳。用梳子将头发拉高向内吹，这样可以防止头发太过扁塌。

定型：使用轻质的摩丝或啫喱喷雾，让头发具有较长时间的蓬松效果。避免使用发胶或发蜡、发油之类沉重的定型产品，以免促使头发扁塌。

## 186 头发梢分叉和出现断发怎么办？

一般情况下，由于风吹日晒、洗发梳理导致长发的发梢出现分叉，但很少折断。如果是短发出现发梢分叉和断发现象，往往与反复烫发和漂染有关，使头发变得脆弱、多孔，容易缠结和断裂。当然，发质本身不好者，与频繁洗头和过热风吹干也有关系。

理发：修剪分叉的发梢。

洗头：尽量使用温和的、较厚重的、油脂较多的洗发水，酸碱度以中性为好；使用优质的、富含油脂和硅油的护发素。

干发：不要采用过热的干发过程，让头发保持一定的湿润度。

梳理：避免湿发梳理，免得进一步增加头发断裂，或将要断裂的头发脱落。

定型：使用发油比较好，不但可以定型，还可以帮助修护头发。

# 187 头发稀少还想蓬松丰盈怎么办？

头发稀少，发质往往是细弱的，如果不细心打理，有时可以看到头皮。

理发：一定要记住告诉理发师，不要将头发打薄，即使分层次理发，效果也不理想。

洗发：使用轻薄的、含有油脂较少的洗发水，并且使用轻薄的护发素，尽量避免油脂或硅油等吸附在头发上，以免增加头发的重量，使头发服帖在头皮上，进而露出头皮。

干发：正常吹干即可。梳子搭配吹风机顺着头发的层次，边吹边梳。用梳子将头发拉高向内吹，这样可以防止头发太过扁塌。

定型：使用轻质的摩丝或啫喱喷雾，让头发具有较长时间的蓬松效果。避免使用发胶或发蜡、发油之类的沉重定型产品，以免促进头发扁塌。若是想做局部强力定型，可将摩丝或啫喱喷在手上，揉进发丝内，或把摩丝或啫喱喷涂在梳子上，然后像平时梳头发那样整理头发。

188 有头皮屑，头皮瘙痒怎么办？

头皮屑和头皮瘙痒，往往同时出现。

由于头皮瘙痒，不自觉地就会去搔抓，会促进头皮屑的产生；头皮屑的不断出现，预示着皮肤屏障损伤，从而加剧头皮瘙痒。这两种皮肤问题的出现，不分前后，但会相互加剧。

（1）发生头皮屑和头皮瘙痒的原因

① 脂溢性皮炎：油脂分泌过多导致微生态功能紊乱，马拉色菌感染。

② 过度清洁、长期使用去屑洗发水：短期使用深度清洁、去屑的洗发水，往往是非常有效的。但是，长期过度清洁或长期使用去屑洗发水，不仅导致头皮脂质流失，导致马拉色菌耐药，还可能导致微生态失衡，加剧头皮屑的产生。

③ 烫发、染发等导致头皮屏障受损、功能紊乱。

（2）合理使用清洁和护理产品

鉴于头皮屑和头皮瘙痒的发生是头皮皮肤屏障功能紊乱所造成的，要想解决头皮屑和头皮瘙痒，主要做到以下两点。

① 对症护理：深度清洁或去屑洗发水在使用1～2周后，使用常规保湿洗发水为好。

② 修复头皮皮肤屏障：市面上已经有头皮护理产品，特别是用于修护头皮屏障的精华或乳液，通过手涂抹、揉搓，促进头皮吸收。即使这些精华和乳液沾染和留置在头发上，也没有害处。

注意：不要在头皮使用护发素，因为护发素中含有很多高分子物质，不易被吸收，往往还会有诱发痤疮的风险，会加重头皮屑以及头皮瘙痒的现象。

# 每天掉头发，会掉光吗？

据统计，头部大约有10万个毛囊，多的可达15万个。

婴儿头部毛囊的密度为500～700个／厘米$^2$，成人头部毛囊的密度为250～350个／厘米$^2$，老年人毛囊的密度略有减少。

头发约有10%的毛发处于休止期，按休止期是2～3个月计算，人们每天脱落50～100根毛发是正常的。

每根毛发的生长速度为1.2～1.8厘米／月。一根毛发的平均寿命2～7年，到休止期时，一般可长到1m左右。多种因素影响毛发的生长速度，毛发在春夏季比秋冬季长得快些；青少年比老年人更容易长发。

毛囊各自为中心进行不同步的周期循环，也存在着2或3个毛囊同步循环。正常情况下，这种良性循环能够保持整个头皮的稳定性和每天头发的常态脱落，并防止脱发严重和过度再生。如果毛囊周期循环出现问题，则会导致异常性脱发。

在生长期时毛发每日生长的速度随年龄、性别及季节有少许差异。人类不同部位的毛发生长周期不同，每日脱发60～100根，是正常的生理现象。

注：黄种人和黑种人（棕色和黑色头发），平均头发总数量为100000根；白种人（金色头发），平均头发总数量为120000根。

## 190 脱发越来越多怎么办？

脱发的发生率为20％～30％。从生理学角度来看，正常人每天一般掉50～80根头发，如果超过100根，就应着手防治了。洗澡或洗头时发现脱落的头发增多，一定要注意观察是从头皮脱落还是头发断裂掉发。如果从头皮脱落，一段时间后，头皮上的头发逐渐减少，有必要找医生弄清楚脱发原因。

脱发的原因和防治方法如下：

雄性激素脱发——在医生指导下服用药物和外用药。

脂溢性皮炎导致的脱发——使用碱性、控油洗发水。

从生活方式中寻找原因，如工作紧张、劳累、生活不规律等。针对这种原因的脱发，一般需进行养护。

养护办法：

① 临床确定脱发原因，对症治疗。

② 饮食避免辛辣，过咸与过甜食品均可引起或加重脱发，应予以限制。

③ 保持头皮的酸碱平衡，故应挑选适合自己的优质洗发水。制订洗发方案：洗发水温37℃；洗发水使用量为2～6毫升；洗发水泡沫要在头发上停留半分钟以上，揉搓20次以上；清水清洗头发时间至少持续半分钟，并重复1次，确保从发根到发梢都没有洗发水香精残留；最后用干毛巾擦干头发上的水分，让它自然风干，最好不要使用电吹风。

④ 避开易致脱发的环境，如污染严重、日光太强的地方。

⑤ 坚持头部按摩，促进头皮血液循环，每晚1次，持续5～10分钟。

⑥ 紧张焦虑的情绪对脱发也有一定影响，须及时化解心理压力。

## 191 感觉头发长得慢怎么办？

　　头发的生长可以分为三个时期，生长期、休止期、退化期，其中生长期最长，可以持续2~6年，正常人的头发每天可以生长0.3毫米左右，一般来说，一个月大约生长1厘米左右。

　　头发生长因季节不同、环境不同，生长速度也是不同的，健康的饮食、保持心情愉快为头发生长提供了有力的动力。当营养不足、身体患有疾病或是毛囊受到刺激的时候，原本正常的头发生长周期就会发生变化，导致头发生长缓慢、发质变差，甚至大量脱发。那么，头发生长缓慢怎么办呢？

　　有三点建议：

　　① 补充营养，多吃富含维生素和蛋白质的食物。头发生长过程中会需要各种维生素，维生素A具有保湿特性，还可以防止头皮屑产生。维生素C是一种高抗氧化剂，可消除自由基，减轻自由基对头发、毛囊造成的伤害。维生素$B_5$可与其他营养物质结合起来，帮助改善头发所受的伤害，维生素$B_5$可以保护肾上腺，从而来促进头发生长。维生素H也称为生物素，可帮助人体利用所吃食物中的蛋白质和脂肪。维生素H与其他营养成分，如维生素B结合起来可以改善毛囊的毛发质量，有助于加强个体毛发。

　　② 促进血液循环，可以按摩和使用促进头发血液循环的药物。

　　③ 调节心理压力，劳逸结合，防止脱发。

头发的养护方法

不少人的头发存在干燥、枯黄、分叉或折断的现象，由于环境因素和不当护理等引起的，归根结底都是头皮遭受损伤的结果。

养护办法：

① 保护好头皮，尽量避免外力带来的损伤。

② 制订头发、头皮清洁和护理计划，防止头发、头皮污物对头发、头皮产生损伤。

③ 经常"施肥"，提供足量营养。如选择一些富含维生素B的乳液精华或人参精华的洗发、美发产品，这些对头发有益的元素可以微量地渗入到头皮的毛囊中去，起到保护头发的作用。

④ 常用宽齿的梳子梳头，或用手指按摩头皮，达到刺激头皮加快血液循环的目的。

⑤ 借助于食疗调理头发，多吃核桃、黑芝麻、豆制品以及富含维生素的水果和蔬菜。这些食物可以调节人体功能，并对头皮毛囊细胞产生滋养作用。

⑥ 合理染发、烫发，切忌过度。为了头皮和头发的健康，半年内染发不要超过1次。

⑦ 对于头发稀少者，出门注意头皮防晒，如使用阳伞、防晒护发素等。

## （三）常见的头发和头皮的护理方法

许多制造商、品牌商在销售或推荐产品时已经告知消费者遇到什么样的头发和头皮问题，应当使用什么样的产品，以及如何进行使用和护理。但是，制造商或品牌商均大力宣传自己的产品，却很少说明护理过程中可能出现的问题，使很多消费者在针对具体问题时感觉困惑。为此，以下为消费者整理了一些头发、头皮护理过程中常见的问题，并进行了解答。

# 193 为什么有些洗发水引起头皮瘙痒？

头皮瘙痒，说明头皮的生理性皮肤屏障遭到破坏，头皮产生炎性细胞因子，导致头皮瘙痒。具体原因如下：

① 没有按照自己的头发类型选择洗发水：干性头发选择了强力洗发水，油性头发选择了去污力较弱的洗发水。干性头发选择的洗发水清洁力过强，过多带走头皮上的油脂，导致皮肤屏障受损；油性头发选择清洁力较弱的洗发水，清洁能力不够，残余污垢刺激头皮，破坏皮肤屏障。

② 头皮皮肤屏障受损的情况下，洗发水中的成分进入头皮，如防腐剂、香精等，刺激头皮产生炎性细胞因子，引起刺激反应或过敏反应。

③ 使用劣质洗发水，其中不含有保护头皮的调理剂。

④ 错误地使用功效性洗发水，如去屑洗发水、染色洗发水等。

## 194 如何处理刺激引起的头皮瘙痒？

如果感觉头皮瘙痒与使用的洗发水有关，请立即停止使用该款洗发水。

现在市面上已经有能够使头皮舒缓的精华液，可以尝试使用对头皮进行安抚。

如果瘙痒严重，可以看医生。

解决头皮瘙痒的具体办法：

① 调换洗发水：一定要结合自己的头发类型（干性、中性、油性）选择适合自己的洗发水。

② 洗发时水温不宜太高。

③ 减少洗发频率，给头皮自我恢复的时间。

④ 适当做些头皮护理。

## 195 洗发水含硅油会损伤头发和头皮吗？

可以肯定地说，洗发水中的硅油不会损伤头发和头皮。

硅油，具有疏水性、生理惰性和较小的表面张力，无毒，现在被广泛用于护发素、洗发水和发胶产品中。

硅油能够在头发表面延展并逐渐变成均匀、润滑的疏水性头发保护膜，相邻头发之间的摩擦力显著降低，发丝缠结程度降低，变得比较好梳理。与此同时，相对平滑的发丝也可形成平滑的平面，这有利于紫外线的反射，极大程度地减少了射线对头发结构以及性能的伤害。

即使洗发水使用在头皮上，也由于硅油分子量较大，难于经皮吸收；洗头时清洗干净，硅油几乎很难残留，是不会堆积在头皮上堵塞毛孔的；没有相关依据显示硅油会引起皮肤刺激和过敏现象。因此，使用含硅油的洗发水是安全的。

## 196 洗发水直接抹在头皮上，会引起头皮损伤吗？

将洗发水直接用在头皮上，不会引起头皮损伤，是安全的。

洗发水是清洁产品，与每天使用的洁面皂、洗面奶等是同类产品，只是由于清洁目的不一样，配方略有差异。

由于头皮被头发所掩盖，科学家并没有专门为了头皮清洁而开发"洗头皮水"，因此，洗发水在广义上来讲，就是洗头发和洗头皮的清洁产品。

如果选用的洗发水不适合自己的头发类型，有可能导致清洁过度，引起头发损伤，致使头皮屏障损害。所以，应当关心的是如何选购适合自己的洗发水，而不是洗发水用在头皮上是否安全。

## 197 使用洗、护二合一的洗发水效果不好怎么办？

洗、护二合一的洗发水，是洗发水的一次创新，不但使用方便、节省时间，而且洗发水中的调理性成分可以减少表面活性剂对头发和头皮的过度清洁。这种洗发水非常适合正常的中性头发人群，但是，对于干性头发、损伤性头发，由于毛干表面粗糙，清洁力可能不足，而对于油性头发，油脂和黏附的污物较多，其清洁力又显得太弱了。

对于发质不好或油性头发者，建议将洗、护分开。

选择适合自己的洗发水：干性发质可以选择保湿型洗发水；损伤性发质可以选择修护型洗发水；油性发质则选择清洁力较强的碱性洗发水。

选择适合自己的护发素：干性发质，头发干枯没有光泽的人，可选择含保湿润泽成分的护发素；损伤性发质的人，可选择滋养修护型的护发素，比如含有维生素E、维生素B$_5$的护发素；对于油性发质的人，可选择控油型的护发素。

## 198 全家人共用一大瓶"家庭装"洗发水可以吗?

全家人共用一大瓶"家庭装"洗发水,很方便,也很实惠。这样做科学吗?这要看家庭中的成员有哪些。

如果家庭中只有夫妇两人,且皮肤和发质类型差不多,混用一大瓶洗发水,没有什么不可以。

夫妇两人,如果一人为油性发质,另一人则为干性或中性发质,就不要使用一样的洗发水了。另外,如果女士经常烫染发,需要特殊护理,就更不能使用同一款洗发水。

如果是个大家庭,夫妇两人与老人和孩子住在一起,就不可以共用一大瓶"家庭装"洗发水了。

首先,由于儿童与成人相比,皮肤发育尚未完善,比较脆弱,我国《化妆品安全技术规范》中明确规定儿童,特别是婴幼儿化妆品的原料和配方结构要求与成人不一样。所以,儿童不宜用成人洗发水。

其次,老年人分泌的油脂较少,也不建议使用适合年轻人的、具有较强清洁力的洗发水。

经常换洗发水会导致脱发，没有科学道理。

头发类型与皮肤类型一样，不是一成不变的。干性头发、中性头发和油性头发，随着年龄的增长、季节的变化、女性生理周期的变化，都有可能发生相应的变化。发质也会发生变化，户外活动的多少、烫染发后护理是否得当，都会影响发质。

所以，经常换洗发水是非常合理的美发行为。比如，油性头发者使用碱性洗发水，一直感觉很清爽，但最近发现，洗后头皮有紧绷感，头发也变得枯燥，说明头发已经悄悄地发生了变化，继续使用碱性洗发水已经不合适了，要换用温和的、清洁力适中的洗发水。至于由碱性洗发水换到中性或偏酸性洗发水，是否会引起头皮的不适应？尽可放心，头皮与皮肤一样，本身具有酸碱性，可以缓冲，不至于引起过度刺激或脱发。

有人说家中应备2~3种洗发水轮流使用，其实是一种错误的行为。不同种类的洗发水清洁力不一样，并非每一种都适合你。

## 200 有人说去屑洗发水可预防头皮屑？

去屑洗发水可以预防头皮屑，没有科学道理。

目前，去屑洗发水中含有抑制或杀死马拉色菌的成分，其实就是抗真菌剂。如果没有头皮屑，头皮上的微生态没有发生紊乱，就不需要使用抗真菌剂。

也许有人会说，在没有感染性疾病的情况下，使用抗真菌剂来预防感染吧！

大家一定要记住，在没有头皮屑的正常状态下，不要使用去屑洗发水。一般情况下，刚开始使用去屑洗发水看不出头皮变化，但使用一定时间后会导致头皮正常微生态发生紊乱，本来没有头皮屑的，可能会出现头皮屑，严重者还可能出现头皮感染。

即使有头皮屑，含抗真菌剂的去屑洗发水，也不要长时间使用，一般使用2周。头皮屑严重者，需在医生的指导下使用药用洗发水或服药治疗。

## 201 头发有油就得洗头吗？

头发有油是正常的，如果头发没有出现"油光发亮"，不必要将这些油脂洗掉。

感觉到头发上有油，其实就是头发表面覆盖着一层皮脂膜，就像皮脂膜保护皮肤一样，可以使我们的头发更加润泽、有弹性，其实是一种天然的护发素。如果感觉到头发上有油，就将其洗掉，是不科学的。

频繁地洗头，会失去头皮表面皮脂膜对头发的保护，促进日晒和空气污染对头发带来的损害。

　　当然，如果头发上确实油较多，并伴有一定的酸臭味，那么就一定要洗头，否则将会损伤头皮和头发。

　　洗发的频率也应视个人发质情况而定，一般建议油性皮肤、油性发质的人，2～3天洗一次；中性皮肤的人可3天左右洗一次；干性皮肤的人间隔时间可更长一些。

# 202 秋天掉头发严重，正常吗？

　　季节变化，对毛发，尤其是头发的影响是很大的。

　　动物季节性换毛，就是很好的例子。但是，人与动物的毛发生长机制不一样。动物身上的毛囊生长周期是同步的，而人身上的毛囊生长周期通常是不同步的。所以，季节性变化在人类中不那么明显。

　　但是，人类毛囊的生长周期受季节变化的影响。

　　据资料显示，在北温带地区，男性和女性都会在秋季出现脱发现象；冬季白种人的胡子和大腿毛发生长速度较慢，但在夏季生长速度明显增加。

　　科学家研究发现，人体通过褪黑激素、催乳素和皮质醇的改变，对一天昼夜的变化做出反应，如褪黑激素就是调节人类睡眠的激素。然而，上述这些激素又与毛发生长调节相关，秋天太阳离我们越来越远，气温越来越低，机体分泌的褪黑激素等激素水平下降，引起毛囊进入退化期或休止期，促进毛发脱落。

　　如果不是突然大量脱发，或束状以及片状脱发，没有必要紧张。若出现大量脱发，要及时去看医生。

# 203 如何看懂洗发水成分表？

对于普通消费者来说，购买产品时，只是根据品牌宣传或导购介绍，很难做出选购决定。那么，如何进行选购呢？要学会看成分表，根据产品属性，分析主成分。

洗发水中起主要作用的成分，就是清洁油脂的表面活性剂，洗发水中表面活性剂的性质，决定了洗发水的温和性和安全性。有学者根据表面活性剂的基团进行了如下分类，或许让选购变得更容易一些。

（1）比较温和的表面活性剂

① 醋酸基团的表面活性剂：月桂醇聚醚-3-乙酸钠、醋酸双氯苯双胍己烷等。这类洗发水的特点是泡沫丰富，但去污、洗净力略差，由于呈弱酸性，对头皮刺激较小，能与头发上的电荷相互作用，使头发保持光滑、平整、不毛糙。

② 氨基酸基团的表面活性剂：月桂酰谷氨酸钠、月桂酰醚硫酸钠等。这类洗发水呈天然弱酸性，去污力略低，但由于头发和头皮也为弱酸性，因此刺激性小，保湿能力强。

③ 甜菜碱系列：椰油酰谷氨酸钠、椰油酰胺丙基甜菜碱等。这些成分来自甜菜，它的刺激性比氨基酸系的洗发水更小，保湿效果也更好，适合皮肤敏感的人使用，同时也有益于修复受损发质。

④ 葡萄糖苷基团的表面活性剂：如十二烷基葡萄糖苷等。这种洗发水的主要成分来自葡萄糖，去污力稍弱，但刺激性小、安全性高、泡沫丰富，通常和氨基酸系混合使用，在不降低安全性的前提下，增强去污效果。

为了达到修护头发的作用，添加蛋白质，如水解胶原蛋白、牛奶等。这类洗发水主要含有牛奶、胶原蛋白等蛋白质成分。泡沫较少，价格最贵，但十分滋养头发，对蛋白质受损性发质有修复作用。

（2）清洁力强的表面活性剂

① 硫酸基团表面活性剂：十二烷基醚硫酸钠（SLES）、十二烷基硫酸钠（SDS）等。该成分的生产成本较低，通常用于廉价洗发水。这类洗发水去污清洁力极强，但同时也可能把有益于头皮和头发健康的必需油脂一起洗掉。

② 碱性表面活性剂：脂肪酸钠盐、氢氧化钠等。这类洗发水的优点是去污清洁力强，生物降解性优越，因此比较环保。但是，由于其属于碱性，容易令头皮和头发变得干燥，而且过强的去污力也容易把必需的皮脂洗去。

最近户外活动比较多，如何保护头发？

外出旅游或进行户外活动前，人们多会给面部或肢体涂抹防晒产品防止晒黑和晒伤，但往往忽略了头发！

紫外线不仅会对皮肤造成损伤，同样能够对头发造成损伤，且这种损伤具有累积性。

科学家已经开发出了像防晒护肤品一样的类似产品，涂抹或喷洒在头发上，以减少紫外线对头发造成的损伤。

发用防晒产品中，含有的防晒剂主要分为两类：化学防晒剂和物理防晒剂。

美发产品中添加化学防晒剂，对头发具有亲和力，使其有效吸附在头发表面，不影响头发光泽，通过防晒剂复配使用提升防晒效果。二苯甲酸甲烷衍生物、二甲基对氨基苯甲酸辛酯、甲氧基肉桂酸辛酯、樟脑亚卡基硫酸铵等为头发光氧化防护的紫外线吸收剂。

添加的物理防晒剂，主要是考虑防晒剂的粒径大小和在头发上附着能力，二氧化锌分散物可以以极小的粒子分离，使锌离子更好地在防晒产品中扩散，不仅具有全面抗UVA、UVB功能，而且易于添加到美发产品中。

发用防晒产品是指具有防晒功能的发乳、啫喱、发油、喷雾等美发和定型产品。可以根据自己的发质，选购适合自己的防晒美发产品。

当然，选择时尚的遮阳伞、太阳帽出门，也是明智的选择，具有较好的头发防晒效果。

**205** 洗头水过热，会损害头发

洗脸时，如果水温过热，面部皮肤可以感知水温过热。然而，头发没有这种感知，渗透到头皮的水温已经不够准确。所以，洗头前一定要用手测试水温。

水温过热，对头发和头皮造成以下损害：

① 将头发表面的污物洗掉的同时，还会把头发内部的脂质洗掉，大量氨基酸流失。

② 水温过热，加速头发膨胀，促进头发盐键断裂。

③ 酶活性的最佳温度为体温（皮肤温度），在过热情况下，会导致与头发生长有关的毛囊内的酶活性发生变化，破坏头皮毛囊微环境内的代谢环境，导致头发生长异常。

④ 会使头皮油脂过多流失，损坏头皮屏障。

⑤ 头皮上的微生物对温度也有一定的要求，过热可能会引起某些菌群活性降低或者死亡，头皮微生态遭到破坏，同时，过热也会导致菌群与头皮附着力下降，菌群脱落。

⑥ 洗头时，水温过热，不但会引起头发毛干损伤，还会伤及头皮，长此以往会导致头发枯燥、分叉，头皮屏障损伤，头皮瘙痒等。

什么样的温度合适，并没有统一的标准。当用热水冲洗头发时，头皮明显感到烫感，第一反应甚至是想躲开，那肯定是水过热了。让机体感到舒适的温度，一般在40℃左右，当然，每个人有自己的感受和习惯。

# 206 洗澡时间过长，往往导致头发受伤

洗澡，能清除汗垢油污、消除疲劳、舒筋活血、改善睡眠、提高皮肤新陈代谢功能和抗病力。

洗澡时间一般在15分钟即可，最短不少于10分钟，最长不宜超过20分钟，这是比较科学的沐浴时间，既能保证清洁度，也能避免洗太久给身体带来不利影响。

（1）洗澡时间短

黏附在头皮和皮肤上的死皮或污垢，以及头发上的污垢，与水的作用时间太短，不能被充分膨胀、水溶（在表面活性剂的作用下），并随着水流而去。草率结束洗澡，不仅身体在洗澡中未得到放松、消除疲劳、促进血循环的作用，基本的清洁效果也未能达到。

（2）洗澡时间长

虽能够达到清洁目的，但是，头发、头皮以及全身其他部位皮肤与水接触时间过长，头发、头皮表面的皮脂膜和皮肤表面的皮脂膜被洗掉，大量的水会很容易通过毛小皮孔隙进入毛皮质，使头发膨胀。大量的水很容易进入皮肤表皮层的角质层，使角质层"水肿"。这种头发膨胀、皮肤角质层水肿的现象，将严重损害头发结构和皮肤屏障。洗澡结束后，将头发快速吹干，将加剧头发的损伤。离开浴室后，身体上的水分迅速蒸发，将导致皮肤失水。久而久之，洗澡时间过长，导致头发脆性增加，易断裂，头皮和其他部位皮肤屏障功能受损，出现干燥、瘙痒。

洗澡时间过长，机体会消耗过多的能量，易致疲劳，加之热水浴的刺激，会导致全身毛细血管扩张，易使人脑部供血不足，出现头晕、胸闷等缺氧症状。

# 207 洗发水与肥皂有什么不同？

洗发水与肥皂的不同之处，主要在于它们的成分不同。

洗发水中的洗涤剂通常是阴离子表面活性剂，清洁皮肤和头发能力很强，能使附着在头皮、头发上的油垢等污物松脱，而易被清除。有的表面活性剂最适于清除油性沉积物；还有的表面活性剂则能对头发保湿、给予光泽。因此，在洗发水中，往往同时会有络合剂，能与硬水中的钙、镁离子相结合，在洗发后不会发生皂垢黏附在头发上的现象。

普通肥皂中不含络合剂，所以肥皂洗发之后，往往在头发上会有一层灰白色附着的物质，这就是硬水中的钙、镁离子生成的皂垢，使头发又黏又硬，不容易梳理。

护发和美发基础

随着经济的发展，人们对护发和美发的需求与日俱增。科学技术进步使得护发和美发产品得到细分化。如何选用市场上诸多的细分化产品，广大消费者需要熟悉和认识产品的作用、性能。从合理使用开始，逐步养成习惯，建立适合自己的护理方案。

## （一）常见头发清洁产品与使用方法

头发清洁产品发展很快，从强效皂基型、表面活性剂型，到温和高效的氨基酸型，每年都有新产品出现。由于消费者存在的个体差异和季节变换，如何选用适合自己头发的清洁产品，避免造成刺激或不适，以及熟悉常见的头发清洁产品及其使用方法，显得格外重要。

# 什么是洗发水？优质洗发水如何判断？

洗发水是一种清洁剂，用于洗净附着在头皮和头发上的人体分泌的油脂、汗垢、头皮上脱落的细胞，以及外来的灰尘、微生物和不良气味等，保持头皮和头发清洁及头发美观。

洗发水，英文Shampoo，也称为香波。该词源自印度语champo-，是按摩的意思。1762年第一次用英语记录为由碱液、油和香味组成的头部按摩物质。用于剃须的肥皂在水里煮熟，并加入草药，用这种混合物使头发发亮和散发香味，并被人们认为是当时的"尖端技术"。

国外的洗发水是从20世纪30年代初期开始的，主要以肥皂、香皂清洗头皮和头发，其后用椰子油皂制成液体香波，但是以皂类为基料的洗发用品，洗后头发会发黏、发涩，不易梳理。20世纪40年代初期以月桂醇硫酸钠为基料制成的液体乳化型洗发水和膏状乳化型洗发水问世。

我国的洗发水是在20世纪60年代初问世的，当时的代表产品为海鸥洗头膏。发展至今，洗发水已经成为人们生活中不可缺少的日常用品。

早期的洗发水相对比较粗糙，许多产品都对皮肤和眼睛具有刺激性。当代的这些产品是高效、美观、温和的。

优质的洗发水应包括以下几方面：

① 有效清洁，易于冲洗；

② 使用中的美感(泡沫、产品浓稠度、香味等)；

③ 洗头后的良好效果；

④ 皮肤/眼睛刺激性最小；

⑤ 不损坏头发，杰出的安全状况；

⑥ 对自然环境友好，良好的生物降解性。

## 209  洗发水的好处有哪些?

头发直接暴露在环境中,不仅遭受风吹日晒,还不间断地受到环境中尘埃、微生物的侵袭。

尘埃、微生物,与头发和头皮上的皮脂膜混杂在一起,在头发和头皮微生物的作用下,产生刺激性物质和不良气味,严重威胁头发和头皮的健康。

洗发水有以下好处:

① 能够有效地洗净附着在头发和头皮上的尘埃,同时清除头发和头皮上老化的皮脂膜;

② 解除老化皮脂膜对毛根、毛囊带来的威胁,改善毛发生长环境;

③ 帮助紊乱的毛小皮重新排列,洗后能使头发发亮、美观、服帖;

④ 留有芳香,神清气爽;

⑤ 帮助解决头皮问题,如去屑、止痒、抑制皮脂过度分泌等。

## 210 洗发水含有哪些成分？

洗发水里面到底有些什么呢？

"洗"，首先离不开表面活性剂。其次，因为是洗发用的，就会存在是否好梳理的问题，所以还会添加调理剂。另外，洗发水中还需要添加增稠剂、防腐剂、香精等。所以，洗发水中主要有以下几类成分。

表面活性剂：作用是去除头发和头皮上的环境污垢、定型产品、皮脂和皮肤角质。

发泡剂：可以使洗发水形成泡沫，多数属于表面活性剂，泡沫具有一定的清洁作用。

美发成分：添加些油脂，用洗涤剂去除皮脂后，补充洗去的有益物质，使头发保持柔软、光滑。

增稠剂：洗发水通常是稀薄的，增稠剂可以调节洗发水黏稠度，增加质感。

珠光剂（遮光剂、不透明剂）：添加珠光剂是为了使洗发水不透明，以达到与清洁无关的美学目的。

隔离剂：防止在硬水的作用下，头发和头皮上形成肥皂污垢。

香精：加入香精，让洗发水散发出消费者喜欢的气味。

防腐剂：预防洗发水开启前后微生物污染。

特殊成分（宣称成分）：除了有清洁头发和头皮的成分外，还添加了治疗成分或营销辅助工具，使洗发水具有其他功效。

## 211 产品宣称的皂基型、表面活性剂型和氨基酸型是怎么回事？

皂基型产品：是通过脂肪酸和碱经过皂化反应后得到脂肪酸皂，具有容易增稠、泡沫丰富细腻、去污力好、易冲水、用后清爽等特点。当然，皂基体系pH值一般比较高，脱脂力比较大，洗后紧绷。

普通表面活性剂产品：是以AES（脂肪醇聚氧乙烯醚硫酸钠）等普通表面活性剂为主的清洁产品，起泡性和清洁力较弱，不易冲洗干净。

氨基酸型产品：是以氨基酸为主的清洁产品，最大的特点就是温和，洗后头发和皮肤柔软、清爽、不紧绷，但是难以增稠、原料价格非常昂贵等缺点比较突显。

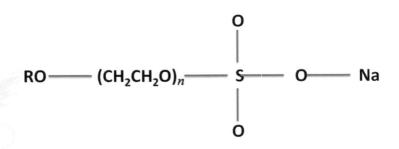

AES 结构式

洗发水中哪些成分可以去头屑、止痒？

　　去头屑剂，早在20世纪70年代就开始应用于洗发、美发产品中。

　　早期去屑剂有硫黄、水杨酸、十一烯酸等，都是典型的外用抗真菌药物，添加于香波中具有一定的止痒、去屑功效。但其杀菌效果差、作用时间短、刺激性较大，长期使用对皮肤和头发有一定的伤害。

　　为了解决安全性和刺激性，化妆品科学家开始使用二硫化硒、硫化锌、间苯二甲酸和粉状吡啶硫酮锌（ZPT）等，都是典型的外用化学抗菌药物，均具有较好的止痒、去屑功效。但是也有很多缺点，如与洗发水原料配伍性差、溶解性差、稳定性差，加在香波产品中容易发生沉淀或分层现象，在应用上有很大的局限性。

　　随着科学技术的进步，出现超微乳液状吡啶硫酮锌(ZPT-50)、二吡啶硫酸铜硫酸镁盐（MDS）、十一烯酸单乙醇酰胺磺化琥珀酸酯二钠、活性甘宝素（CLM）和吡啶酮乙醇胺盐（OCT）等，在与洗发水原料的配伍性、溶解性、稳定性、安全性、有效性等方面均得到提高，在实际去屑香波生产过程中能与各种表面活性剂原料复配，不发生沉淀和分层现象，性质温和，刺激性低。

　　近年来，化妆品专家热衷于研究天然植物去头屑剂，如茶树油、胡桃油、芍药、丹皮、茶叶、荆芥等。

## 213 常见功能洗发水有哪些？

调理洗发水：最早的调理洗发水英文叫作2-in-1，中文称之为二合一洗发水，是由宝洁公司在20世纪80年代后期开发的，首次以单一产品提供清洁和调理两种功效。这一创新，将调理成分赋予洗发水，能够解决头发缠结，方便造型。后来科学家又针对烫染造成的发质损伤问题开发出具有修复作用的洗发水。

去屑洗发水：头皮屑是头皮角质化细胞脱落的小片鳞状屑，头屑产生的机理一般认为与马拉色菌的繁殖有关，马拉色菌喜欢脂，存在于三酰甘油酯和游离脂肪酸过多的皮脂腺部位。马拉色菌产生的脂肪酶水解甘油三酯和饱和脂肪酸生成游离的不饱和脂肪酸，游离的不饱和脂肪酸刺激头皮产生头屑。在洗发水和护发素中使用吡啶硫酮锌、利巴唑和水杨酸等活性物质，通过抑制或消除马拉色菌，改善头皮健康，降低表面皮脂含量。所以，去屑洗发水，就是添加了抑制马拉色菌等有效成分的洗发水。

护色洗发水：科学家根据烫、染发过程中损伤头发的原理，在洗发水中巧妙而科学地添加了能够沉积和附着在头发表面上的大分子物质，不仅能够抚平损伤的毛小皮，对头发分叉等物理损伤有修护作用，还可以在有色头发上沉积，达到护色作用，效果明显。

防晒洗发水：经过科学家不断研究和实践，应用在洗发水中的防晒剂能够直接被吸附在头发表面，或能够渗入头发，不能被完全洗去，达到保护头发表面和头皮的目的。

## 214 能长期使用去屑洗发水吗？

　　引起头皮屑的机制是多样性的，包括干性头皮、油性头皮，马拉色菌引起头皮屑只是其中机制之一。

　　但是，目前去屑洗发水的作用机制是基于抑制或杀灭头皮马拉色菌，常用杀菌剂为吡啶硫酮锌、甘宝素等抗真菌剂。

　　干性头皮，频繁长时间使用去屑洗发水，会导致头皮油脂过度流失，加重头皮屑的产生。

　　油性头皮，开始使用去屑洗发水有效，但长期使用效果会大大降低，有时还会加重。去屑效果降低或起屑加重的原因，可能与马拉色菌耐药性有关，以及过度使用抗真菌剂导致头皮微生态紊乱。

　　头屑多者洗发次数不要太多,以每周1~2次为宜,用温水洗发,洗后不要吹干。

　　头屑患者不应长时间戴帽，让头皮与大自然接触，如沐浴阳光、接受空气和水的滋润，让头皮的微生态自我调节。

# 215 宝宝应当选用婴幼儿洗发水

婴幼儿香波是专门为婴幼儿设计的洗发用品，外观清澈、纯净，卫生标准要求比较高，产品的pH值范围窄，常用低刺激性的非离子活性剂，常常不加或少加香精或色素，以减少刺激性。

（1）按照《儿童化妆品申报与评审指南》（2013年2月1日实施）配方原则生产

①应最大限度地减少配方所用原料的种类。②选择香精、着色剂、防腐剂及表面活性剂时，应坚持有效基础上的少用、不用原则，同时应关注其可能产生的不良反应。③儿童化妆品配方不宜使用具有诸如美白、祛斑、祛痘、脱毛、止汗、除臭、育发、染发、烫发、健美、美乳等功效的成分。④应选用有一定安全使用历史的化妆品原料，不鼓励使用基因技术、纳米技术等制备的原料。⑤应了解配方所使用原料的来源、组成、杂质、理化性质、适用范围、安全用量、注意事项等有关信息并备查。

（2）温和无刺激

酸碱度适中，有滋润成分，容易在水中溶解，不含香料，这样的洗发水对皮肤和眼睛的刺激会减到最少。

（3）质地较薄

婴幼儿用的洗发露等都比成人产品要薄，易于涂抹。

（4）泡沫少

婴幼儿洗发水泡沫要少，因为大量的泡沫具有一定的刺激性，会让宝宝非常不舒服。

（5）无泪配方

无泪配方能够不刺激眼睛，滋润头发。

# 216 如何选择适合自己发质的洗发水？

每个人都希望自己能拥有一头健康亮丽的头发，但是染烫、日晒，甚至洗发水选择不当，都会令发质受损。洗发水选择不当，久而久之，头皮痒、头屑多、掉发、干燥、分叉等问题就会接踵而至。

① 正常发质：如果头发没有烫染，也没有头屑多、出油、毛躁等问题，属于健康的发质，可以选择一些营养类的二合一洗护双效的洗发水，让头发保持健康状态。

② 干性蓬松：头发比较干燥，而且很蓬松、毛躁，容易有静电，要选用弱酸性的洗发水，即滋润类的洗发水。碱性的洗发水会带走头皮中大量油脂，使头皮更加干燥。而酸性洗发水洗净头皮的同时不会破坏头皮油脂层。

③ 受损分叉：这一类发质一般是因为平时经常烫染，使头发毛鳞片受损形成的。头发很容易断裂、分叉，建议使用针对烫发和染发受损的洗护产品，修复头发毛鳞片，让头发重回健康。

④ 出油细软：因头皮皮脂分泌过多导致。建议采用清洁能力强的产品，不要用有滋润或修护功能的洗发水。如果出油量不多，选用有美发和控油双重功效的洗发水即可。

⑤ 容易脱发：掉发原因有很多，头发营养不足、出油过多等均会导致，可选择防脱发的洗发水，促进毛发再生。

⑥ 头屑头痒：头屑是头皮生态平衡遭到破坏导致的。头皮作为头部的天然屏障，其脆弱性和敏感性仅次于眼皮，针对头屑处理，一定要找到病因，对症治疗，不要盲目使用去屑洗发水。

## 217 多长时间洗一次头发比较合适？

很多消费者会有这样的疑问——多长时间洗一次头发比较合适？

针对洗头频率，没有科学的限制。那么需要清洗的标志是什么？

消费者认为自己的头发是否需要洗，通常是由以下几点决定的。

发型：如果头发显得平直，缺乏朝气，没有型，就需要清洗头发了。

头发类型：头发是干性、中性还是油性？油性头发洗头频率往往比较高，干性头发洗头频率比较低。

季节环境：高温高热、寒冷干燥的环境等，都是驱动洗头的潜在动力。

社会因素：参加聚会或某些重要活动，往往需要洗头、梳理。

# 218 过度清洁头发，会怎么样？

大家都知道，洗头的目的是去除头发和头皮上的污物，减少头发的不良气味，利于发型的整理。

但是，过度地清洗，会导致头发和头皮受到以下伤害。

① 头发失去应有的、有益的保护性皮脂，使毛小皮鳞片干燥、折断和脱落；

② 头发反复大量吸水，膨胀，脱水，干瘪，导致毛干松脆、易断；

③ 在表面活性剂的作用下，蛋白质变性或溶解，丢失氨基酸，孔隙度增加；

④ 头皮脂质流失，头皮屏障受到损害，出现头皮屑、瘙痒等现象；

⑤ 品质较差洗发水或去屑洗发水，会导致头皮微生态失调，加剧头皮屑产生和剧烈瘙痒。

## （二）常见护发产品与使用方法

有人认为，将毛发清洁干净就可以了，护发是可有可无的。

其实不然，正确、合理、有效地对毛发进行护理，对于毛发完成一个生长周期的过程，并健康地生长是很重要的。

在日常生活中，由于护理不当、风吹日晒，特别是喜欢对头发进行染烫，达到不同色彩和造型的人们，常常遇到头发毛糙、断裂而脱落、头皮瘙痒、脱发逐渐变得稀薄等现象。为了修复这些问题，市面上有一系列的美发产品。所谓美发产品，是用来保护、修复头发和改善头发发质的化妆品。使用方法是在洗发后，将美发产品揉搓或喷洒在头发上，留置在头发上或停留一定时间后冲洗干净。

常见的护发产品种类包括：护发素、焗油膏、发膜或倒膜等。

护发产品有：护发精油、护发喷雾、免洗护发素、护发精华。

## 219 什么是护发素？

护发素是一种美发产品，可以保护和改善头发的质地。护发素通常是一种黏性液体，透明或不透明。护发素一般与香波一起使用，洗发后将适量护发素均匀涂抹在头发上，轻揉一分钟左右，再用清水漂洗干净，故也有人称为漂洗美发剂。护发素中可能含有润肤霜、油脂和防晒霜等成分，洗发后使用，可以不冲洗，让护发素留置在头发上保护头发，称为免洗护发素。

护发素的英文名称为hair conditioner，有时中文翻译成"头发调理剂"。

护发素是在20世纪30年代早期发展起来的，当时使用自乳化蜡。这些蜡类物质与蛋白质水解物、多不饱和物和硅油结合在一起，改善了头发的手感和质地。在那个年代，护发素使用的还有蛋白质来源的物质，包括明胶、牛奶和鸡蛋蛋白。早期的护发素相当于油腻的润肤油，能防止或减少染烫发对头发造成的损伤，质地比较厚重、黏腻。

现代强化护发素从轻薄到厚重不等，消费者选择的空间更大。如果经常使用，它们可以消除化学和物理因素对头发损伤的影响。

护发素中最常见的成分是硅油。硅油是一种轻量级的油，它可以在头发上留下一层薄膜。

随着科学技术的发展，科学家根据头发的不同需求，开发出不同的护发素。

按使用方式分：洗去型、免洗型；

按剂型分：水剂型、凝胶型、乳化型、油剂型；

按头发类型分：正常头发、干性头发、油性头发；

按功能分：修复受损头发、定型作用、防晒型、烫发型和染发型等。

鉴于能够达到护发的功能，护发素配方中的关键成分如下。

调理剂：主要功能为吸附于毛发上，使头发柔软、易梳理。护发素中的调理剂主要包括硅油、阳离子表面活性剂。阳离子表面活性剂的代表，如阳离子瓜尔胶、阳离子纤维素等。

油脂类：主要是补充洗发水洗去的油脂，使头发达到滑爽、有光泽、易于造型。常用油脂包括液体石蜡、植物油脂等。

增稠剂：既有增稠和稳定作用，也有一定的保湿作用。常用增稠剂包括纤维素、阳离子纤维素等。

保湿剂：保湿作用。常使用甘油、丙二醇、山梨糖醇、聚乙二醇作为保湿剂。

活性成分：根据产品的不同功能，添加不同物质，如去屑剂、止痒剂等。

营养成分：包括蛋白质、维生素、氨基酸等。

现代高质量的护发素，具备以下作用：

给头发补充洗发水带走的油脂；密封和修复毛干的损坏，抚平毛小皮，使头发顺滑，重现光泽；保湿，降低头发孔隙度，消除静电。

为此，高质量的护发素常常具备以下几种功能：

① 使毛发易梳理、不缠绕；

② 具有抗静电作用，使毛发不会飘浮；

③ 能赋予毛发自然的光泽；

④ 能保护毛发的表面，增加毛发的立体感。

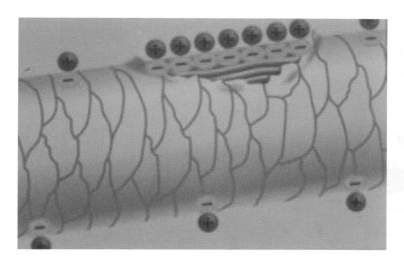

硅通过负电荷吸附在毛干上

# 221 如何正确使用护发素？

切记，护发素是保护或修护头发的，它并不保护或修护头皮！

护发素中的保护和营养成分是针对受损头发的，可以在毛干上形成一层膜，修护和滋养头发。

使用护发素，尽量避开头皮和发根。

靠近发根的头发是新生的健康头发，只有远离发根的发梢部分才会出现老化、分叉、毛糙。所以，在洗干净头发后，只需要将护发素涂抹在远离头皮一定距离的头发上即可。

如果将护发素涂抹在头皮上，不仅对头皮没有好处，反而使头皮不容易洗干净，长时间停留在头皮上，对头皮产生刺激，甚至产生头皮屑。由于护发素有大分子物质，可能堵塞毛孔，引起粉刺。

很多人习惯冲掉洗发水后，马上使用护发素，但这种使用方式效果不佳，因为此时的头发间尚存大量的水分，会稀释护发素，影响护发素的吸收和附着效果。

正确的方式是冲洗干净洗发水后，用毛巾将头发擦干、不再滴水时，再涂抹护发素，这样才能使护发素的效果发挥到最大化。

在选择了适合的护发素后，仔细阅读使用说明。

一般情况下，使用护发素有以下几个步骤：

① 将适量护发素放在双手上；

② 将护发素涂抹于头发末端，从发梢开始，用手指均匀地涂抹，注意不要涂抹在头皮上；

③ 使用手指或宽齿梳子轻轻分离头发，以确保护发素在头发上分散均匀；

④ 用温水好好冲洗头发。

## 222 护发素与洗发水有什么不同？

首先，存在功能上的差异。洗发水用来清洁头发，主要去污、去油脂；而护发素可以改善发质，主要是补充油脂和其他营养成分。

第二，成分不同。尽管都含有表面活性剂的成分，但表面活性剂的性质不一样。洗发水是以阴离子、非离子表面活性剂为主要原料，提供去污和发泡作用，而护发素的主要原料是阳离子表面活性剂。护发素的成分相对洗发水较复杂，常常含有较多的功效性活性物质。

第三，使用的先后顺序不同。常规的头发洗护方法是先使用洗发水，后使用护发素。

第四，使用的部位不同。洗发水不但可以使用在头发上，还可以使用在头皮上；而护发素尽量避免使用在头皮上。

## 223 什么是发膜？

如果将护发素比喻成护肤乳液，那么发膜就好比护肤霜。

发膜中同样含有营养物质和水分，它们会透过头发上的毛鳞片进入发丝中，帮助修复纤维组织，尤其适合干枯和受损发质。虽然发膜见效比较慢，需要坚持使用两三个月，但是它的效果更为稳定，能从根本上改变发质。头发枯了，黄了，分叉了，这些问题基本都可以解决。

发膜如同护肤品，改变头发的质地，从根部开始营养头发。

# 224 什么是倒膜，有什么功能？

倒膜，一种美发方法，一般是在头发上抹上美发膏，用机器放出蒸汽并加温头发，使油脂渗入头发。这样一种给头发补充营养和水分的方法，称之为倒膜。

美发膏有以下功能：

① 加强头发的韧性和弹力。

② 防止头发干枯、分叉和折断。

③ 令染色后的头发色泽更加鲜明。

④ 能加强烫发的持久性。

# 225 什么是焗油？什么是焗油膏？

焗，一种烹饪方法，利用蒸汽使密闭容器中的食物变熟。

美发中的焗油与倒膜相似，只是将倒膜中的美发膏换成焗油膏。

焗油膏是在美发膏中添加人工色素制成的，它与美发膏的工艺制作过程类似。

头发干枯、没有光泽是因为发丝出现空洞，焗油用人工色素填补了这些空洞，头发就显得很饱满，但这些人工色素会随着洗头、日晒等渐渐流失，头发又恢复成原来的样子。打个比方，焗油就像彩妆，能使人看起来靓丽，但不能真正解决问题。

如何选择正确的美发方案

选择美发方案，取决于头发的发质和头发损伤程度，以及需要达到的美发目的，如提高头发光泽和平滑的外观。

选购护发素的时候，可以根据自己头发状态挑选合适自己的产品。以下将头发受损程度分为3级，便于大家判断。①轻度受损：失去光泽，发色变浅。②中度受损：头发开始感觉脆弱，缺乏韧性，有些干枯。③重度受损：头发明显很粗糙，干枯易打结，发梢开始分叉。

根据头发受损的不同程度解决方案如下：

① 轻度受损发质：坚持使用洗去型护发素即可修护头发损伤。

② 中度受损发质：建议选择留置型护发素，效果会比洗去型护发素好。

③ 重度受损发质：建议去发廊做深度护理，在护理师的指导下，制订美发方案。

建议：

① 常梳头：可以促进头皮血液循环，保持头发整洁；②洗发：2~3天1次为宜；③护发：洗发时使用护发素，建议定期进行焗油或倒膜；④补充营养。

## （三）常见造型产品与使用方法

对于大多数人来说，每个人均有自己头发内在的固有特质和与自己形象相称的待选定可变发型。

要打造和保持良好的发型，首先，头发必须进行清洁和定期调理，特别是头发受到重复损害的人。

然后，尽可能地使头发自然干燥，或者选择广泛、方便的工具，如吹风机等。

在此基础上，使用定型产品（如啫喱、喷发胶、摩丝、发蜡、发乳等）进行定型，就可以光彩照人、自信满满地工作和生活。

 227 喷发胶是什么？

喷发胶是一种气溶胶型发用定型化妆品。一般装在容器中，可通过泵或喷雾器的喷嘴，喷洒在头发上。有手按泵型喷发胶和气雾剂型喷发胶。

手按泵型喷发胶，含溶剂较多以利于喷雾；气雾剂型喷发胶含有喷射剂，使胶喷出后成为气溶胶。这两种形式的喷发胶，是以不同形式的推动力形成的喷雾，喷洒在头发上。雾状粒径一般在30～55微米，能在头发上形成一薄层聚合物，将头发粘在一起，使头发保持设定的发型。

喷发胶一般使用乙醇作为溶剂，主要由丙烯酸及其酯类衍生物作为定型剂，保湿成分为丙二醇或甘油，根据产品需求，加入香精、防腐剂等。

气雾剂型喷发胶使用的推进剂，一般为液化石油气（LPG）、二甲醚（DME）、二氯乙烷。

喷发胶的主要特点是在较短的时间内，就能够达到对头发的高强度定型效果，并且有长时间的保持性。

 ## 228 定型啫喱是什么？

啫喱，英文为gelatine或jelly，为果冻状凝胶，中文通过音译叫作啫喱。

啫喱与喷发胶成分相当，只是其中添加了丙烯酸类聚合物做出凝胶基质。

鉴于啫喱干后具有成型作用，成为美容美发界的一种定型、美发产品。市场上常见的有啫喱水和啫喱膏。

啫喱水也称发用定型凝胶水或发用啫喱水定型液。这类产品的组成，主要有水、成膜剂、调理剂及其他添加剂等，根据产品黏度的需要，在使用量上有所不同。啫喱水的稀释剂中有适量的乙醇，来降低产品本身的黏稠感。啫喱水的外观是透明、流动的液体，可以使用泵瓶喷在头发上，也可以使用无泵瓶挤压在手上，涂抹在头发所需部位，成膜，起到定型、保湿、调理并赋予头发光泽的作用。

啫喱膏也叫作定型凝胶，外观为透明的非流动性或半流动性凝胶体。使用时，直接涂抹在湿发或干发上，在头发上形成一层透明胶膜，直接梳理成型或用电吹风辅助梳理成型，具有一定的定型固发作用，使头发湿润，有光泽。

要对啫喱水与啫喱膏进行比较的话，成分基本相同，效果也相当，只是使用方式存在差异。

249

# 229 什么是摩丝、发油、发蜡、发泥、发乳？

摩丝：指液体和推进剂共存的产品。液体中除了含有水溶性的造型聚合物外，还有发泡性的表面活性剂，很容易在头发上扩散；推进剂对液体施加压力，并携带液体冲出气雾罐，在常温常压下形成泡沫。通常喷涂在湿头发上，然后，吹干头发，达到丝滑且定型的作用。

发油：是比较传统的一种对头发进行定型和保护、滋润的产品。早期是使用动物脂肪、羊毛脂、蜂蜡制作而成。发油为油脂和蜡的混合物，有人称之为油基型发油。随着科学技术的发展，发油以凡士林为主，将凡士林、油脂和蜡均匀地混入在水中，形成水包油（O/W）产品。由水来承载的发油，称为水基型发油。

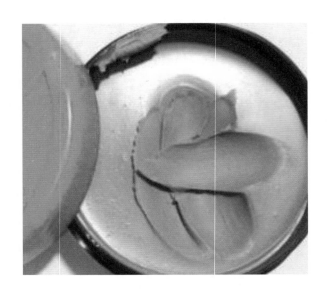

发蜡：是一种蜡状头发定型的产品。传统的发蜡，是由蜡（蜂蜡、巴西棕榈蜡、石蜡等）、高级脂肪酸、高级醇之类的固态油相组分和赋予光泽的蓖麻油或液体石蜡等液态油相组分组成。制成膏状料体，使用广口瓶容器盛装。

发泥：是一种泥状的头发定型用品，与发蜡一样具有固定发型、使头发拥有光泽的作用。特点是不油腻，容易清洗，不容易招灰，塑型效果持久。

发乳：顾名思义，为乳状，是乳化产品，是一种比较传统的美发用品。与护发素相比，它含油脂更多一些，大部分产品中不含阳离子成分，因此没有抗静电功能。发乳中的油性成分如矿物油、羊毛脂、角鲨烷、硅油等能在头发表面形成一层膜，赋予头发光泽，并有保护及防止头发断裂和分叉的作用。发乳除滋润头发外，还有定型的作用，但定型能力比较弱。发乳的突出特点是能够增加头发的密度和亮度，使头发看上去很有质感，也不油腻。添加了阳离子成分的发乳，亦可以减少头发静电，以增强头发的可梳理性，控制头发毛糙、飞散等现象。

**230** 定型啫喱与喷发胶有什么不同？

定型啫喱和喷发胶的主要差异在于：

成分不一样：啫喱主要成分是水、乙醇、丙烯酸、甘油、水解角蛋白等；而发胶一般添加二氯甲烷、氟利昂作为助推剂，并且使用防腐剂。

定型效果不一样：发胶的定型效果比较好，适合长时间固定发型。一般情况下，先用啫喱造型，再用发胶定型。

使用方法不一样：啫喱是先取适量放在手上，然后涂抹在头发上，打造想要的造型；而发胶往往是喷在造型后的头发上，起固定效果。

**231** 各种造型产品的区别是什么？

为了直观且容易理解定型产品的适应性以及产生的效果，分析汇总成如下表格。

| 产品名称 | 使用后头发质感 | 定型强度 | 适合发质 | 光泽 |
| --- | --- | --- | --- | --- |
| 发油 | 略硬 | 强 | 蓬松发质 | 亮 |
| 发蜡 | 略硬 | 弱 | 蓬松发质 | 低光泽 |
| 发泥 | 自然 | 弱 | 蓬松发质 | 亚光 |
| 喷发胶 | 硬 | 很强 | 任何发质 | 亚光 |
| 啫喱 | 硬 | 很强 | 任何发质 | 中等光泽 |

一旦头发被清洁和调理完成，就可以着手准备打造理想的发型了。

① 用柔软的毛巾轻轻擦干头发。

② 选择高质量的吹风机，使用中挡，将头发轻轻地吹干，直到它几乎不潮湿。

③ 根据想要的预期效果，选择定型产品(摩丝、定型乳液、啫喱)，用指尖轻柔地揉搓到头发上。

④ 使用优质梳子做造型，用吹风机吹干，注意吹风机应与头发保持适当距离。

## （四）发型让人更靓丽

在现实生活中，发型很重要。每个人的高矮不一，胖瘦不同，脸型各异，如何使用发型修饰或衬托美，是爱美人士最关心的问题。为此，这里不得不给大家提出黄金分割概念。

黄金分割，是由古希腊人毕达哥拉斯提出的，其比值为0.618。宇宙万物凡是符合黄金分割比例的，被人们认为是具有美感的形体。如果将一条直线分成一长一短两个线段，它们之间的比例为1:0.618，则这个比值即为黄金分割。按照这个比例关系组成的任何物体，都会显示出和谐的美感。

 233 发型设计的要素和分类

一般来讲，发型设计有三个要素——款式、纹理和颜色。

款式：是指外在形状，起到骨架的作用，是发型创造的基础。款式很多，关键要适合自己。

纹理：发型的层次、质感、表面特征（光滑、柔顺、凌乱、粗糙）。

颜色：黑色、彩色。

一般将发型按如下分类。

按长短分：长发、中长发、短发。

按曲直分：直发、卷发。

按梳理分：束发、发辫、盘发。

# 234 发型与黄金分割

　　研究脸部美学的学者根据以往脸部的研究划分了黄金分割线，也就是脸部的黄金比例"三庭五眼"，称为五官端正。

　　所谓的"三庭"，即从人的发际线到眉弓骨、从眉弓骨到鼻尖、从鼻尖到下巴的三个距离正好相等，三段距离的比例为1:1:1，也有说（0.8~1）:1:1；五眼即正常人的两只眼睛之间的距离正好是一只眼睛的宽度，两只眼睛的外眼角到发际线又是一只眼的距离。

　　黄金分割应用于发型设计，会使发型形成变化、统一及和谐的美感。专业美发师在设计发型时，常常将黄金分割应用到处理发型与脸型、骨骼、身材的比例关系中，制订发型外观轮廓形状、层次落差、重量移动方案。

　　当然，由于发型款式的多样性和可变性，可根据每个人的个性、气质，突出个性美，做出具有美感的发型。

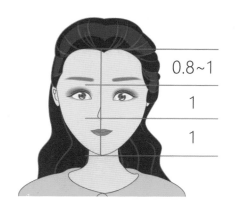

# 235 发型与发质和体型的关系

（1）根据发质选择发型

① 油性发质——宜短发，便于清洁。

② 粗硬发质——不宜剪短发。

③ 头发稀少——不宜分中缝。

（2）根据体型选择发型

① 身材矮小者——不宜留长发（披肩长发），也不宜把头发搞得粗犷、蓬松。身材矮小者，适宜留短发或中长发，所以，设计发型时应强调个人的魅力，从整体比例上，注意头发长度给人带来的印象。可以利用盘发增加高度，使头发显得精致、秀气。

② 身材瘦高者——头发不宜剪得很短，宜留长发。在长发设计中，讲究外轮廓的美感，发长应与身材协调，应当采用黄金分割设计，会更容易创造出具有美感的发型。

③ 身材矮胖者——宜盘头。

④ 身材高大者——宜留简单的短发。

# 236 发型与脸型的关系

鉴于发型的可变性，以及发型有修饰脸型的作用，可以利用发型与脸型的协调配合，弥补脸型的不足。发型修饰和弥补脸型不足的常用方法有：

① 衬托法：利用两侧鬓发和头顶的头发，改变面部轮廓，分散原来瘦长或宽胖的头型和脸型的视觉感受。

② 遮盖法：利用头发来组成合适的线条，以掩盖头部和面部某些部位的不协调和不足。

③ 填补法：利用卷发来修饰细长头颈，还可以借助发辫、鬓发来填补头部和面部的不完美之处，或用头饰来装饰。

| 脸型 | 修剪 | 梳理 |
|---|---|---|
| 圆脸 | 拉长脸型，适合四六分、侧分，忌中分。发型以视觉上增加头发顶上的高度为重点，使脸部显得修长些 | 头顶蓬松，两边头发略盖住脸庞，紧贴耳际，不露耳朵 |
| 长脸 | 缩短脸型，剪出刘海儿，脸旁剪少许短发，盖住腮帮，头顶扁平 | 两侧蓬松，或把头发两边做成自然卷曲的样式，使脸部看起来圆一些 |
| 方脸 | 使脸型的边缘线柔和，剪出一边留的长刘海儿，使前额变窄，高层次修剪并保留长度 | 头顶蓬松，适合侧分。这种脸型必须用柔软的线条来修饰下巴 |
| 宽额头（倒三角） | 遮盖额头两侧，下巴两边堆积重量 | 将前额的发梢从中间分向两边，以自然的波浪线条来遮盖宽大的额头 |
| 宽下巴（正三角） | 额前堆积重量，用柔和的线条遮盖下巴两侧。下巴两边保留头发长度 | 头发要沿着两鬓向后梳，尽量使两太阳穴露出来，这样可以增加额头的宽度 |
| 高颧骨 | 留两鬓发，在颧骨位置堆积重量 | 将两鬓头发往前梳，刘海儿可略长些，但不适合梳中分式 |
| 菱形脸 | 设计不对称刘海儿 | 额头、下巴位置堆积重量，脸旁略遮盖 |

下篇 科学美发篇 **257**

# 237 刘海儿与脸型的配合

刘海儿，指垂在前额的短发。

刘海儿包括：斜刘海儿、齐刘海儿等。

近年来，受韩剧中发型潮流的影响，将刘海儿做成具有空气感的刘海儿，既摒弃了厚重感，又修饰脸型，让你看上去清新自然，称为空气刘海儿。空气刘海儿是指薄薄的、微微内卷、隐约能够透出额头的刘海儿。

刘海儿设计在发型创作中起到画龙点睛的作用，刘海儿可以赋予发型生命力和时尚感。刘海儿不管是分区的设计还是长度的设定，都与黄金分割有着密不可分的关系。

① 圆脸：比较适合斜刘海儿，这样的斜刘海儿用在短发中效果特别好。

② 长脸：齐刘海儿是最好的选择，掩盖脸型的缺陷，最好不要留斜刘海儿，这样会使脸型显得很长。

③ 方脸：刘海儿宜以不等或整齐的方式设计。发量较多的刘海儿可与两侧鬓发相连接，以突出个性主张、独特的风格。

④ 宽额头（倒三角）：刘海儿的层次以逐步渐长方式设计，长度不宜过短。发量少的刘海儿可做边缘层次修剪，这样可遮盖较宽的上额，烘托年轻人的活泼气质。

⑤ 菱形脸：这种脸型的刘海儿以不对称方式设计。头发量较多的可以高层次修剪。刘海儿长度可在眉毛上方或靠近发际线。这样的刘海儿才会使头发显得轻盈、俏丽。

## 238 发型与痤疮

如果处于易发痤疮的年龄，或者正处于痤疮的"爆发期"，不但要注意个人卫生习惯，还要注意自己的发型。

（1）头发很"脏"

头皮分泌的油脂、大气中的污染物会吸附在头发上，头发与头皮一样寄居着大量微生物，在阳光的作用下，会产生一些刺激皮肤的物质。如果你的额头上长有痤疮，刘海儿上的污物会加重痤疮。同样，长发散落在背部，会加重背部痤疮。

（2）护发、美发产品中的残留物质可能诱发或加重痤疮

头发上残留的护发素、发胶或定型液，这些发用定型产品中均含有大分子、难于吸收的物质，头发上的这些物质很容易造成毛孔堵塞，导致皮脂排泄不畅，形成毛囊炎症，逐渐形成痤疮。如果留有刘海儿，很容易导致额头出现痤疮或加重痤疮；如果留有长发，很容易导致颈背部出现痤疮或加重痤疮。

# 239 发色与肤色——如何根据肤色选择头发颜色

染发已被视为一种时尚，如何使得发色与肤色相搭配，以下为一些建议，供参考。

① 黑色头发——适宜任何肤色，适合自然发型。可以浅冷色系或端庄的正红色系为主上妆。

② 深棕色头发——适宜任何肤色，肤色白皙者尤佳，适合直发或微卷的长发、大方的齐耳短发。自然的妆容，冷暖色系皆宜，尤其适宜雅致的灰色系。

③ 浅棕色头发——白皙或麦芽肤色、古铜肤色者均可。适宜清爽有动感的短发、亮丽的大波浪长卷发。冷暖色系皆宜，建议尝试清爽、明快的水果色系的妆容。

④ 铜金色头发——白皙或麦芽肤色，也很适宜肤色微黑的女士。适宜时尚造型的短发、有层次的齐肩直发。冷暖色系皆宜，建议平时多以透明妆或者水果色系为主。

⑤ 红色头发——自然肤色或白皙皮肤，非常适合肤色偏黄的女士。有活力的短发、中长直发或卷发均可。适宜暖色调的妆容，金色系、红色系、棕色系等较浓郁的色彩。

# 发型与活力

发型与身材、脸型相关，发色与肤色相关。既要使自己的发型达到满意，又让它更具活力，需要在不断摸索中找到适合自己的发型。当然，发型并不是一成不变的，应该保证发型的新颖性和时尚感。

（1）保持动感与弹性

不要再把定型产品"神化"，时尚又显年轻的头发应该是富有弹性的、动感的、蓬松的，甚至带有一些凌乱感。所以，适当的时候或场合，可以让头发具有层次和弧度，来增添美感。

（2）增加头发的光泽

年轻的肌肤是有光泽的，年轻的头发也应该是光泽顺滑的。为了对抗发质受损，至少每周做一次深层护理，并且要坚持定期使用护发产品。不管个人的发质如何，护发是必需的。另外，为了保护自己的发质健康，请不要天天洗头。

染发、烫发适合每个人吗?

烫发和染发产品，不但具有强烈的刺激性，导致头发和皮肤损伤，严重者还可能引起过敏或引起机体损伤。所以，并非所有人都适合烫发和染发，如果自己身体虚弱或属于过敏体质，以及在备孕、怀孕、产后哺乳期，请不要烫发和染发。当然，如果患有湿疹、银屑病，或者脂溢性皮炎，也不要烫发和染发。

## （一）常见染发产品与使用方法

### （1）染出青春

头发体现人的健康与美丽。中老年人随着机体的衰老，头发自然变白或花白，许多青年人由于遗传、环境导致内分泌变化而出现过多的白发，他们都想通过染发的方式，改变自己的形象。

### （2）染出多彩

越来越多的人为了搭配服装的色彩、款式，在头发式样和颜色上进行改变，以产生整体的和谐美。例如，现在的永久性染发剂，头发染后颜色持久，不会变色，使头发显得自然、真实，在不同的光线下呈现出不同的色彩，给人一种变幻的美感。

### （3）染出个性

染发染出个性，听起来似乎很不真实。英国伦敦大学心理学专家的一项新的研究表明，女性头发的颜色反映了她们的个性：红头发的女性往往狂野、暴躁；黑头发女性往往实在、惹人喜爱；金头发女性则显得更加活泼开朗。并认为，改变头发的颜色，就有助于改变女性的个性。

# 241 染发技术的发展

　　大约在4000年前，埃及第三王朝时期有人已用散沫花(Henna)热水提取物将头发染成橘红色，天然植物散沫花染料至今仍用于染发。古代欧洲的日耳曼人，用羊脂和植物灰汁混合将白发染黑。古希腊人认为，颜色稍浅的头发意味着纯真无邪、地位高贵，因此他们便将头发染成浅色，所用润发油是用黄色花瓣、花粉和钾盐制成的，并带有苹果香味。罗马人偏爱乌发，他们的黑色染料是把胡桃壳和青蒜放在水里熬制而成的。

　　我国最早的染发，可追溯到公元1世纪，据《汉书·王莽传》记载，王莽篡夺王位自称新朝皇帝，58岁时已呈"皓首白须"的老态，还册立淑女史氏为皇后，为了掩饰其衰老的形象，他"欲外视自安，乃染其须发"。在东汉时期，我国最早的药物专著《神农本草经》中，也记载了一些可使白发变黑的植物，如白蒿，能"长毛发令黑"。东晋医学家葛洪在《肘后备急方》中记载用醋浆煮大豆来涂发进行染发，可以起到"发须白令黑"且"黑如漆色"的效果，该方不仅被隋炀帝的后宫所采用，还列为宫廷秘方而被载入《隋炀帝后宫诸香药方》当中。《备急千金要方》和《千金翼方》记载了若干染黑须发的药方，如"生油渍乌梅，常用敷头良""黑椹水渍之，涂发令黑""以盐汤洗沐，生麻油和蒲苇灰敷之"等。《本草纲目》中，记载可供染发的外用药物至少有20种以上。

　　直到1856年英国人发现并合成出了苯胺染料，1883年法国首创了对苯二胺类氧化染发剂，并取得了专利，染发剂才从天然染发剂步入化学染发剂，进入飞速发展的时期。

散沫花

头发结构分为三层，由外向内分别为毛小皮、毛皮质和毛髓质。

　　在中间层毛皮质，是一些角质细胞产生的角蛋白丝相互缠绕而形成的，这些角蛋白丝中分布着黑色素颗粒，决定着头发的颜色。要想改变头发的颜色，有三种技术手段，包括：

　　① 染料附着在头发表面。

　　② 色素渗透进入毛皮质。

　　③ 介于前两者之间。

　　后两种染发方式，必须首先使用染发剂中的碱性成分，将保护毛皮质的毛小皮打开，将外来色素导入到毛皮质，均匀分布在毛皮质中，然后与角蛋白丝结合，或与固有色素结合，形成理想的颜色。

　　如果想染成浅色头发，必须将毛皮质固有的色素漂白，然后导入理想的颜色。

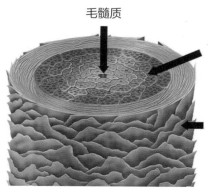

毛髓质

毛皮质
（含色素，决定头发颜色）

毛小皮

# 243 什么是染发化妆品，包括哪几种类型？

在特殊用途化妆品的定义中，染发剂是指能够改变头发颜色的化妆品，可将头发染成色彩各异、深浅不同的颜色。

染发产品依据其染发色泽持续时间的长短、牢固度可分为：

① 暂时性染发剂：这种染发产品只是暂时性的，想去除时使用洗发水清洁就可以去掉。鉴于这类产品经过一次洗发水清洁后，就失去着色能力，便命名为暂时性染发剂。这些产品通常被认为是安全的，因为大多数是低致敏性的，而且不会对毛干造成损害。暂时性染发剂有可能污染衣服，特别是头发沾到雨水或汗水而变湿时。

② 半持久性染发剂：所用染料通过毛发的表层部分进入毛发的发质中而直接染发，不需要经过氧化作用就可将毛发染成各种不同的颜色，比持久性染发剂刺激性小，但色泽牢固度差，通常可以耐受10～12次洗发水清洁。半永久性染料可覆盖30%的白发，有时用于增加头发光泽和活力。

③ 持久性染发剂：染发剂对头发具有永久着色的能力。但是，随着时间的推移，着色的头发并不是永不褪色，会发生颜色深浅、色调等的变化。当然，随着头发自然生长，还会出现新生的、没有着色的头发。鉴于持久性染发剂对酸碱度、腐蚀性等要求都比较苛刻，对头皮可能造成较大的伤害，一定要严格按照说明书使用，或者在专业人士的指导下使用。

## 244 染发香波是怎么回事？

染发香波是集染发与洗发两种功能于一体的香波，给染发者带来方便。

染发香波因含染发剂，所以使用时应当遵守染发的规则，染发之前，最好先做皮肤过敏试验，方法是先取少量染发香波涂在前臂内侧或耳后的皮肤上，待24小时后，若涂染发香波区皮肤无过敏反应，方可使用。

另外，还应注意头皮不能有损伤，以免吸收染发剂对身体造成伤害。

使用染发香波后，不宜立即用电吹风机吹发，以防染色保持时间不长及损伤发质。

## 245 头发漂白是怎么一回事？

头发漂白剂，是一种使头发颜色变白或变浅的发用化妆品。

漂白剂有两方面的作用：一方面使头发的颜色比本身的颜色浅，直接达到美发效果；另一方面，为了改变头发的颜色，先使头发颜色变浅，然后再染上所需要的颜色。

头发漂白原理，是通过氧化作用将头发中色素变成无色，主要方法是使用12%的过氧化氢的碱性溶液。头发漂白产品，通常应在头发处于干燥的、未清洁的情况下使用。

## 246 使用染发剂，为什么必须仔细阅读说明书并严格按照要求操作？

在特殊用途化妆品的定义中，染发剂是指能够改变头发颜色的化妆品，可将头发染成色彩各异、深浅不同的颜色。

对于普通消费者来说，产品标签中标注的染发剂化学名称或许难以理解，未必是其需要关注的重点，真正应该关心的是染发化妆品的安全性和染发效果。

安全性：染发化妆品中的染发剂需要符合《化妆品安全技术规范》（2015版）规定的使用限量和其他使用要求。同时规范要求，在染发化妆品标签上均需标注以下类似的警示语：对某些个体可能引起过敏反应，应按说明书预先进行皮肤测试；不可用于染眉毛和眼睫毛，如果不慎入眼，应立即用清水冲洗；使用时，应戴合适的手套。另外，染发化妆品作为特殊化妆品，上市前必须进行严格的安全性测试，并要通过专家的技术审评。通过这些措施，最大限度地保证了染发化妆品的安全。

染发效果：为了保障染发效果，染发前必须认真阅读产品说明书，了解清楚染发前的处理、药液的勾兑比例、作用时间、清洗程度，以及染发后的护理。

 247 哪些人不宜染发？

鉴于染发剂对头皮和皮肤具有一定的刺激性和致敏性，对机体具有潜在的三致（致癌、致畸、致突变）遗传毒性，所以以下人群不宜或应当谨慎使用染发剂产品。

① 属于敏感皮肤者，应当小心使用。

② 有哮喘、过敏性疾病者应避免使用，可能带来致命伤害。

③ 皮肤屏障性疾病，如湿疹、银屑病等，以及头皮有损伤者，不得使用。

④ 儿童、孕妇、哺乳期妇女、备孕男女均不得使用。

## 248 如何使用染发剂？可以频繁长期使用染发剂吗？

染发剂是具有伤害性的特殊用途化妆品，必须小心使用。应按产品使用说明书进行染发，如使用步骤、药液的配比等。

① 使用染发产品前24～48小时应先在耳后或前臂内侧做过敏试验，确定无过敏反应后再进行染发。

② 建议染发前两天尽量不要洗头，让头皮上的油脂形成天然的保护膜来保护毛囊。染发时可以先在发际周围皮肤上涂一层防护产品，再佩戴手套进行操作，避免皮肤直接接触染发产品。

③ 染发过程中，切忌用力搔抓头皮，避免促进头皮对染发剂的吸收。

④ 染发后应彻底把头发和头皮洗干净，使用优质的护发素或专业头发护理产品对染后头发进行护理。美发成分会深入头发内部，对头发起到保湿和修复的作用。

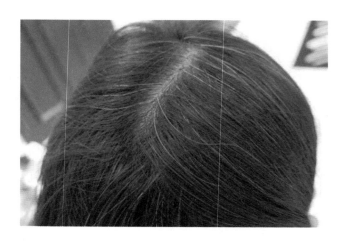

⑤ 专业的固色成分能够提高头发色彩的稳定性，延缓褪色。

⑥ 如果染发过程中出现不良反应时，先要及时彻底地清除皮肤上存留的染发产品。

⑦ 如果需要维权，要妥善保存好所使用的产品，用照相机拍摄下皮损局部和相应部位的图像，以帮助日后的诊断和评判。同时，详细记录不良反应的演变过程。

究竟多久染一次发最能保证头发的健康？此问题并无定论。由于染发剂中大多含有氧化剂，以及硝基苯、苯胺等化学成分，容易对头皮造成一定的伤害和损害发丝的健康。建议在满足需要的前提下，尽量拉长染发的间隔时间。

# 249 染发失败的原因有哪些？

（1）与产品品质相关

① 染发剂中的中间体和偶合剂品质以及配比：中间体和偶合剂在生产过程中往往伴有同分异构体，着色效果是不一样的，当然，不同品牌产品中间体与偶合剂的配比也不一样。

② 染发剂的碱性：染发剂中的游离碱多少决定了染发剂的效果，碱性越强染色效果越好，但对头发的损伤越重。如果碱性不足，便大大降低染色效果，着色不均或达不到理想色彩。

③ 显色剂中的过氧化氢：过氧化氢为活性物质，活性高易引起头发损伤和过度漂白，活性低则染色不均或达不到理想色彩。

（2）与使用量和方式相关

① 没有严格按照产品使用说明操作。

② 染发剂用量不足，涂抹不匀。

③ 只关注染发时间，而忽略染发时的温度。

（3）与发质相关，存在个体差异

① 干性头发、中性头发比较容易上色，损伤头发容易上色但也容易脱色，油性头发和较硬的抗拒性发质比较难上色。

② 烫过的头发和新生的发根，发质差异极大，且表皮层的鳞片张开程度不同，对染料的吸收不同，其光泽度、饱和度都会不同。

③ 发梢损伤严重，与发干和发根染色时间一致的话，吸收了太多染料，而颜色变深，形成颜色差异。

④ 由于每个人的头发粗细不一，对颜色会有影响，细发直径较小，上色较快。

⑤ 灰白的头发，黑发、白发的底色不均匀，要染成均匀的流行色彩，会比较困难。

## 250 什么原因引起染发后褪色或变色？如何减少发生？

多数人都知道，许多因素都会影响头发颜色的稳定性。当遇到以下情况可能导致头发褪色或变色。

发质较差：经常烫、染发，使头发遭到损伤，孔隙度增加，保持颜色的能力减弱。

频繁地洗头：染发后频繁地洗头，水和洗发水使头发膨胀，将色素带走。

染发后淋雨或游泳：雨水或泳池里的水，往往含有大量无机离子，如金属离子，不仅水会带走颜色，还会改变颜色。

不注意防晒：染发后出门不注意防晒，阳光会分解染发后头发的染色，使之变浅，导致颜色不均匀。

遇热引起颜色变化：洗头后还是一如既往地使用吹风机，吹风机的高温加速着头发变色。

那么，如何减少染发后的褪色或变色呢？

减少洗头次数：染发后尽量减少洗头发的次数，夏天的时候可以两天洗一次，冬天可以3～5天洗一次。减少洗头次数可以有效降低褪色的概率。最好选择具有护色功能的洗发水。

使用护发素：建议不要使用"二合一"洗发水，美发效果是不够的，最好使用专业护发素，固色、防晒护发素等较理想。

有意识地美发：使用发膜、发油。使用发膜或发油后，再用电吹风吹干头发，是比较理想的。

使用遮阳伞：晴天出门时使用遮阳伞是美发的最好办法。

## 251 同一款染发剂，第二次使用效果与第一次不一样，是怎么回事？

暂时性染发剂是不会出现这种现象的，因为暂时性染发剂没有损伤头发。

使用半持久性染发剂和持久性染发剂，对头发的毛小皮或毛皮质均有不同程度的损伤。由于头发结构的变化，头发会呈现孔隙增加，着色能力也明显发生变化。

第一次染色染的是完整的、健康的头发，第二次染色染的是受损的头发。由于健康头发和受损头发的着色能力不一样，因此，即使是使用同一款染发剂，染色的效果也可能存在不一致的现象。

## 252 进口烫、染发产品，绝不伤头发

随着经济发展和科学技术的进步，我国本土化妆品品牌经历了40多年，从工艺到规模已经与世界发达国家品牌产品相当。

至于说，进口烫、染发产品绝不伤头发，是片面的说法。

再好的烫、染发产品也会损伤头发。不伤头发是不可能把头发拉直或卷曲的，因为烫发是通过改变发质结构来达到头发改变形态的效果。再好的染发产品（暂时性染发产品除外），也要打破毛小皮，使中间体和着色剂进入毛皮质，否则染色效果不会好。

而烫、染后受损头发的毛鳞片组织结构已被破坏，导致头发干燥和毛糙。

严格按照说明书操作，如使用剂量、作用时间、及时修护等环节，头发的损伤会最大程度地降低。所以不要轻信"进口烫""染发药水绝不损伤头发"的说法。

烫、染发后通过护理为头发补充营养，才是硬道理。

另外，如果为了方便或省钱，选购了劣质产品，不但烫、染发效果不好，还可能加重头发和头皮损伤。

# 253 如何避免烫、染发过程中气味引起的不适？

烫发和染发使用的烫发剂和染发剂，都含有碱以及催化剂氨水，都会产生强烈的刺鼻气味。如果为了降低刺激气味的强度，而降低药液浓度，会影响染、烫发的效果。

烫发过程中，由于要破坏头发中的二硫键，可能会产生硫化物，是一种恶臭的气味。染发使用的中间体或着色物质大多是芳香类物质，也具有特殊气味。美发专业市场的烫发产品和染发产品中不可避免地要使用氨水，氨的刺激性气味会引起人们的不适。

《美容美发场所卫生规范》规定：经营面积在50平方米以上的美发场所，应当设有单独的染发、烫发间；经营面积小于50平方米的美发场所，应当设有烫、染工作间（区），烫、染工作间（区）应有机械通风设施。

## 254 如何看懂染发剂的色板？

就头发而言，表达颜色的方法很多，归纳起来需要了解两个名词，色度和色调。

色度：是用来表示头发内所含色素多少的指标，不同的色度表示头发染色的深浅。通常将头发的色度分为10个等级，用数字表示，1~10，1表示染色最深、10表示染色最浅。

1-黑色；2-自然色；3-深棕色；4-棕色；5-浅棕色；6-深金色；7-金色；8-次浅金色；9-浅金色；10-金白色。

亚洲人黄色人种的头发颜色色度一般为2~4度，最常见的是2度，欧洲白色人种的头发色度一般为4~6度。

色调：是颜色表现的具体色彩，由数字1~8表示不同的色彩，不同品牌使用的数字略有不同，常见的数字代表的色调如下。

1-灰色；2-紫色或青色；3-金黄色；4-铜色或橙色；5-枣红色；6-红色或紫色；7-绿色；8-蓝色。

以下举例说明染发剂颜色色码，小数点前面的数字为色度、后面的数字为色调。

2.0——自然黑（色度2自然色，色调0无）；

4.6——红棕色（色度4棕色，色调6红色）；

5.36——浅红金黄棕色（色度5浅棕色，色调3金黄色，副色调6红色）。

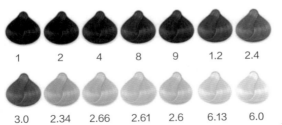

| 1 | 2 | 4 | 8 | 9 | 1.2 | 2.4 |

| 3.0 | 2.34 | 2.66 | 2.61 | 2.6 | 6.13 | 6.0 |

# 255 染发剂对头发、头皮和人体的伤害

鉴于染发剂能够改变头发的颜色性能，它也一定能够改变头发的结构和性质。换句话说，相对于头发的自然状态来讲，染发剂将对头发产生伤害。由于染发剂具有一定毒性，且不可避免地接触头皮，以及通过头皮吸收进入机体，将逐渐对头皮和机体产生伤害。

以下从染发剂对头发毛干、头皮和机体三个层面进行了介绍。

（1）损伤毛干

在染色过程中，使用氧化剂、碱性增效剂、中间体和偶合剂。不论染发过程如何完美，都会导致头发毛小皮上的鳞片脱落，孔隙度变大，毛皮质角蛋白丝变性，从而使头发变得毛糙、脆性增加易断、保湿能力下降、失去光泽、弹性降低。因此，头发的梳理性、可管理性变差。

（2）损伤头皮

单纯从染发剂的成分来看，含有强碱、染色中间体、着色剂、氧化剂、香精、防腐剂等，这些物质均可以对皮肤造成伤害。强碱，具有腐蚀性，破坏头皮表皮，引起皮肤屏障损伤；中间体和着色剂，如对苯二胺，可以引起皮肤致敏；氧化剂，过氧化氢能够快速产生活性氧，也就是常说的自由基，可以快速引起皮肤组织和细胞损伤；香精、防腐剂，是熟悉的刺激和致敏物质。

在日常生活中，染发引起的皮肤不良反应比较常见，或轻或重，占染发人群的10%。染发后3~5天，有些人出现头皮瘙痒、红肿，有些人出现皮疹。严重者，4~5天后，整个面部包括头皮出现红肿，甚至眼睛处于半闭合状态，局部出现渗水等，非常痛苦。

（3）损伤机体组织器官

　　长期使用染发剂，使染发剂中的成分通过皮肤进入体内的机会大大增加。由于染发剂中的苯胺类物质具有一定"三致"（致癌性、致畸性和致突变性）作用，进入体内将影响造血功能，产生贫血或血小板减少。染发剂所含苯胺类物质的直接毒害是可致肝炎，其毒性代谢产物又可引起肾实质损害，出现肾小球、肾小管上皮细胞变性或坏死。若染液流入眼睛内，会直接损害视觉，出现角膜混浊、虹膜炎、白内障等，严重者甚至失明。

## （二）常见烫发产品与使用方法

　　烫发，就是对自然直发使用化学处理或物理作用，使其变成具有卷曲的效果；或者是对卷曲的头发使用物理作用或化学处理，使其变直，更加柔顺。烫发的目的，不外乎以下几个方面：改变外观，显示个性；结合修剪，呈现层次，体现美；对头发少者，视觉上能够增加发量，尽显年轻态。

　　为了满足消费者的需求，市场上的产品多种多样，并且有诸多"吸引眼球"的概念，想要认识、选择和使用这些产品，需要对产品的性能和使用方法进行必要了解和熟悉。

烫发技术的发展

人类烫发已有3000多年的历史。古埃及时代的象形文字就有烫发的记载：尼罗河畔的妇女，早晨将头发卷于木棍上，涂上河泥，在日光下暴晒，泥土晒干后洗去，头发则呈现出美丽的波形，此可谓烫发之始。古希腊人则使用铁和土色布进行卷发，古罗马的有钱人使用中空的铁筒插入烧热的棍子进行卷发。我国清朝末年，人们就用铁钳夹着烧炭来做卷发。

1905年德国理发师首先用硼砂等碱性水溶液浸润头发，然后再将处理后的一缕缕头发卷在金属棒上，再用电加热，试验烫发成功。

1932年有人发明了一种以生石灰和电石两种物质为主要成分的药包，此药包一经触水，瞬间可产生高热，以适量破坏头发角质及二硫键达到卷发的效果，人们称这种方法为药包热烫。

1936年英国人以毛发和羊毛做烫发实验，用巯基乙酸的碱性溶液将头发角蛋白中的二硫键切断，使头发发生卷曲产生波浪，称之为化学冷烫，并一直沿用至今。1938～1939年，化学冷烫首先在美国加州被采用，1940年之后才在一些国家普及，1950年我国开始试用。由于操作比较方便，又没有危险性，因此普遍被消费者所接受。化学冷烫是目前世界上最为流行的一种烫发方法。

烫发技术大致经历了火烫、电烫、化学冷烫几个阶段，使烫发产品和烫发技术日臻完善。归纳起来两种烫发形式，即热烫和冷烫。

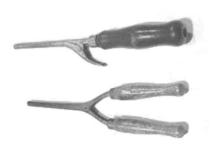

## 257 什么是烫发化妆品？有哪些剂型？

1990年我国就颁发并实施了《化妆品卫生监督条例》。该条例实施细则对烫发化妆品的含义做了如下解释：烫发化妆品是具有改变头发弯曲度，并维持相对稳定的化妆品。

烫发产品常见的有冷烫产品和热烫产品两种。

（1）冷烫产品

冷烫剂有不同的形态，如粉剂型、乳剂型、水剂型和气溶胶型等。其中水剂型使用方便，是目前使用最多的剂型。

（2）热烫产品

热烫剂根据其形态也可分为三种，即水剂型、粉剂型和乳剂型。水剂型配制操作简单，烫发使用方便，但药液容易滴流而污染衣服和皮肤，烫后头发缺少滋润性。粉剂型配制和包装都很简单，产品贮运、携带方便，但在烫发时须先加水调制成液状后才能使用，具有使用不便、易污染衣服和皮肤、对头发缺乏滋润性等缺点。乳剂型克服了上述水剂型和粉剂型的不足，是较为理想的制品，由于其中可加入较多的滋润物质，因而对头发有良好的滋润性，同时在使用时不易污染皮肤和衣服。但不论是水剂型、粉剂型还是乳剂型，热烫时都需要加热。这使其应用受到限制。

## 258 什么是冷烫？怎样使用？

冷烫是指在常温环境下进行的一种烫发技术。在常温下通过化学作用，将头发中的化学键切断并重建，达到使头发卷曲或拉直的效果，不需要加热辅助，称为冷烫。其实冷烫就是化学烫。

首先在碱的作用下，打开毛小皮，进入到毛皮质中，使二硫键断裂，然后经还原剂的作用下使二硫键重新连接的过程。至于氢键，任何的水溶液可以使某些氢键断裂，而且溶液的温度越高，断裂的氢键就越多，但水分消失后又会形成新的氢键。所谓的"水式烫发"就是与氢键有关。

冷烫药液主要包括两种液体：一号液，卷曲剂，起软化、卷曲功效作用的主要成分是还原剂和碱化剂。目前常用的还原剂有巯基乙酸、β-巯基丙酸、半胱氨酸等，其中功效最好的是巯基乙酸。此外，卷曲剂配方组成中还要加入一定量的碱化剂，碱化剂主要功效是为了保持卷曲剂产品的pH值。调整pH值的碱化剂有氨水、单乙醇胺和铵盐等。冷烫最佳pH值为9.20。二号液，定型剂，起固定理想发型功效作用的主要成分是氧化剂和酸化剂。最常用的氧化剂是过氧化氢，还有用溴酸钠的。最常用的酸化剂是磷酸，将定型剂pH值控制在2.5～3.5之间。

冷烫卷发剂，是在常温下不用借助加热进行烫卷头发时所使用的药剂。

冷烫过程，先将头发梳理顺畅、分缕，在头发上涂一号药液，稍加张力卷在适当粗细的棒上，在这样一种卷曲状态下，留置药液约10分钟，时时观察，待达到期望的发式后，将原液（头发依然卷在棒上）用水冲洗；而后，涂二号药液，留置约15分钟，使氧化反应完全，固定发型。

冷烫的时间和方法须根据发质适当判断，也要了解所选用的冷烫剂浓度和碱性大小以及其他的特点。

# 259 什么是热烫？怎样使用？

热烫，需采用加热的方式完成的一种烫发技术。

热烫药液与冷烫药液的组成成分不一样，热烫药液是在常温下不能使胱氨酸二硫键断开的烫发剂，必须用加热的方式辅助完成，称之为热烫。

热烫药液主要包括两种药液。一号液，卷曲剂：主要成分是亚硫酸盐，另外加有一定量的碱使其维持适当的碱性，可以采用的碱有硼砂、碳酸钾、碳酸钠、一乙醇胺、三乙醇胺、碳酸铵、氢氧化铵等。二号液，定型剂：配方组成中起固定理想发型功效作用的主要成分是氧化剂和酸化剂。最常用的氧化剂是过氧化氢，还有用溴酸钠的。最常用的酸化剂是磷酸，将定型剂pH值控制在2.5～3.5之间。卷发的效果与加热温度、作用时间以及烫发产品的浓度和pH值等均有关系，通常要求热烫液pH值在9.5～14之间。

热烫，是在抹上一号液后，头发内部开始发生化学反应，角质蛋白之间的分子联系逐渐被软化，连接键断开，此时运用不同型号的烫发卷芯，通过其内在加温促使角质蛋白之间的分子结构发生改变，产生新的形状。随着烫发卷芯内的温度升高，在物理作用下使角质蛋白结构发生变化，头发变成卷芯的形状。然后，再加上二号液定型剂的化学重组定型作用，达到长久卷曲。

热烫，是结合化学作用和物理作用，使头发达到卷曲的效果，其烫发效果及持续时间均优于冷烫，是目前的主流烫发方式。

一般情况下头发的毛鳞片是紧闭的，营养无法进入头发内部。使用阴离子夹，经过特殊电流回路释放阴离子，打开毛鳞片，将富含角质蛋白、维生素、氨基酸等超细粒子或分子的营养药液，输送入头发内部，充盈到头发髓质层，使头发变直，然后使用定型药水。上述这一过程和技术，称为离子烫。

适用于头发干燥、自然卷，同时修护因烫、染而受损的头发。

下列情况不适合做离子烫，如脱发、发质差、皮肤过敏、头皮受损、头发受损、头发刚刚漂染等。

离子烫包括阳离子烫、负离子烫、游离子烫、水离子烫、黄金游离子烫等。那么，这么多离子烫究竟有什么区别呢？其实差别不大，很大程度上是"概念炒作"，以不断吸引爱美女士的视线，促使她们不停地消费而已。

## 261 什么是陶瓷烫？

陶瓷烫及远红外线陶瓷烫，说的都是一回事，这种卷发比起传统的卷发效果更自然些，尤其在干发时比湿发的卷度更漂亮。

陶瓷烫，是利用一台像八爪鱼的仪器，用陶瓷棒将发丝夹住，插电导热后烫卷，因此短发容易漏卷，并不适合尝试。

陶瓷烫，就是热烫的一种形式。好处在于：

① 烫后成型：在烫发以后，不需再整理发型，非常容易打理。

② 卷后立体：与传统冷烫相比，陶瓷烫后的头发是越干越立体。

③ 药水：不会接触到头皮，头皮也就不会受损。

④ 不必用发型修饰品：不必用发胶和发膏等来固定发型。

⑤ 卷度周期性长：陶瓷烫后的头发卷度一般可耐至3个月以上。

⑥ 更适合受损头发：渗透力强的红外线配合陶瓷烫时使用的抗热保湿蛋白，将使受损头发恢复光泽，不再断裂。

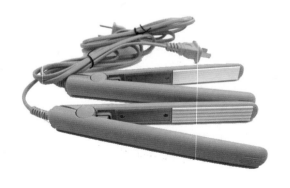

## 262 有人说"水烫",是怎么回事?

头发角蛋白中多肽链间起桥结合作用的是氢键,在洗头过程中,氢键可以被水切断,在头发干燥过程中使用卷曲工具,使干燥后的头发具有一定形状,这种方法称为水烫。

吹风机的工作原理是使用加热的气流(高达80℃),首先快速去除头发之间的水分;然后,从每根发丝内部蒸发水分。

在干燥发丝内水分的过程中,有两种变化,湿发时氢键被水切断,头发变形;随着头发内部水分的蒸发,恢复氢键连接,头发可以被塑造成所需的样式,即形成一个头发湿润时的发型,有人称为"湿型"。通过尽可能多地蒸发水分来改善湿型,而干燥不足使发型无法保持长久。

这种"湿型",在白天能保持发型多久,在一定程度上取决于温度和湿度。在较高的相对湿度下,空气中的水分会穿透头发,打破保持发型的暂时氢键,头发将恢复到其自然形状。

## 263 烫发基本步骤

以拉直为例，烫发的过程包括以下四个步骤。

（1）处理

第一阶段是在头皮、发际线和耳朵上涂上一层凡士林的保护层。然后把头发分成几个部分，使用一个小刷子或梳子涂抹化学松弛剂。在松弛剂被应用到头发上之后，用梳子将头发整理到其预期的最终方向。松弛剂通常留在头发上10～20分钟。然而，确切的时间长短取决于产品说明书的指示。需要注意的是，这些高碱性的药物如果长期使用，会损伤头发。因此，这个过程必须经过仔细的时间安排和监控。

（2）中和

头发经过充分处理后，用温水彻底洗掉松弛剂，然后用中和洗发水停止松弛剂的化学反应。中和洗发水(pH值4.5～6)可恢复头发的正常pH值，并在新的伸直位置促进二硫键的重组。

（3）调理

化学松弛过程打开了头发毛小皮，松弛了毛皮质，使其无法保持水分，增加头发损伤的敏感性。因此，通常在烫后的头发上使用护发素。

（4）修整

烫发后应至少有6周的头发生长期，以尽量恢复在先前头发上使用松弛剂对头发的损伤。如果新生长出来的头发已经影响美观，鉴于化学松弛剂的永久性能，再次使用应只在发根上使用松弛剂即可，以避免过度加工和破坏先前处理过的头发。

护肤

# 264 烫发失败的原因有哪些？如何处理？

做任何一件事，都有成败可能。"烫"与一些物理和化学过程相关，从以下三种因素分析烫发失败的可能原因以及处理办法。

（1）头发发质原因

① 发质粗硬，头发毛小皮紧闭，药水不易渗透。例如，抗拒性发质或白发。处理方法：烫发前对头发进行软化处理，或在软化剂里添加碱（加强剂）。

② 头发表面附着妨碍烫发药水的物质，例如，用金属性染发剂染过的头发，或长期使用含过量硅油或钙质的洗发水或护发素。处理办法：用强碱褪色剂尽量褪去金属颜色，或用双氧水除去头发表面的物质。

（2）烫发剂的原因

① 某些原因导致软化剂药力下降，如使用过或包装打开较久，软化剂被空气氧化，或过期。处理办法：注意使用过的烫发剂要密封，一定要在保质期内使用。

② 烫发剂与发质不相符，如健康发质使用了受损发质专用烫发剂。处理办法：发型师一定要预先判断客户的发质，选择与之相应的烫发剂。

（3）技术原因

① 上杠的张力是否均匀，橡皮筋的松紧度是否适当，发束（片）是否梳顺，层次的高低以及发量、纹理的调节是否适合此款烫发剂。

② 药液使用量、作用时间等因素。处理办法：寻找专业技术熟练的发型师，或自己的固定发型师。

## 265 烫发不成功可以再来一次吗？

烫发不成功，可以重新再烫吗？

新烫的发型不满意时，有些人会马上重新来一次或是要求发型师恢复原样。

殊不知，这样做对头发造成的伤害极大。如果实在想重来一次，两次烫发的时间最好间隔半个月以上。

对于首次烫发的人来说，烫发时间尽量缩短一些，同时与第二次烫发的时间间隔半年以上为佳。

发型师的技术水准比药水的好坏更能影响烫发效果。以上夹板为例，这道工序关键在功夫，技师的手势、力度、角度都有很大讲究。此外，如何根据不同发质确定不同软化时间、程度，关键也在于发型师。

## 266 不宜烫发的人群

由于烫发产品具有较强的腐蚀性和潜在的致敏性，以下人群不宜烫发。

儿童：皮肤娇嫩，易灼伤。

孕妇：某些烫发产品中含有影响代谢的物质，加重孕妇负担。

过敏体质：烫发过程中释放出的气味（如氨），可能诱发过敏。为此，患荨麻疹、湿疹、过敏性鼻炎、支气管哮喘等病期间，切忌烫发。

头发头皮损伤：头皮破损、头皮上长疮和疖等，或发质不好，易断裂和分叉等，烫发会引起发质损伤加重。

长期露天工作：头发发质受到阳光中紫外线的损害，若再烫发对头发很不利。

脱发、白发：烫发会加重毛囊负担，促进脱发和白发的发展。

刚经过染发、漂白、拉直或冷、热烫的头发，不宜在短期内烫发。因此，烫发不宜过频，一般3～6个月一次为佳。

# 烫发前、后要注意些什么？

（1）烫发前进行头发护理

① 使用护发素或焗油，平衡头发结构，特别是针对发质结构不均匀的头发，以及受损严重的头发。良好和均匀的发质，头发能均匀吸收烫发药液，烫发的效果才会好。

② 选择正确的烫发剂。

③ 确定烫发产品是否会导致过敏。

④ 做好防护工作，避免让烫发产品滴到皮肤或衣服上。

（2）烫发后进行头发和头皮护理

① 中和烫发后头发内部残留的碱性分子和氨水分子。

② 恢复头发的pH值平衡。

③ 强化头发的蛋白质成分。

④ 使用烫发洗发水和护发素，直至头发恢复到烫发前发质，光亮、易梳理等。

烫发剂对头发、头皮和人体的伤害

鉴于烫发剂的腐蚀性和潜在致敏性，以及可能对机体造成的系统毒性，从以下三个层面了解烫发剂的危害。

（1）损伤发干

烫发时不但有化学过程，也包含定型和加热过程，所以既有化学性损伤，也有物理性损伤。不论烫发过程如何完美，都会导致头发毛小皮上的鳞片脱落、孔隙度变大、毛皮质角蛋白丝变性，从而使头发变得毛糙、脆性增加易断、保湿能力下降、失去光泽、弹性降低。因此，头发的梳理性、可管理性变差。当烫发时间过长、药水浓度过高，或短时间内频繁烫发，使头发弹性消失，变得脆而易断。

（2）损伤头皮

化学烫发药剂，都是一些能够引起皮肤和毛发产生化学烧伤、刺激、过敏等作用的毒性化学物质。我国或其他国家对这类化学物质在化妆品中的应用，在法规中都有所限制。尽管烫发化妆品已经进入家庭使用，但烫发还应当由专业的美发师来操作比较安全。

（3）损伤机体组织器官

冷烫药剂中绝大多数是以巯基乙酸盐为主要成分的。这种物质极易经皮肤侵入体内，使肝、肾受损；怀孕期间若皮肤经常接触冷烫液，则会影响后代出生后的行为和功能；巯基乙酸还可导致女性月经异常，对消化系统亦有不良影响，并对人体产生肯定的致突变性。热烫药液中使用的氨水和亚硫酸盐都是有毒物质，长期过量使用会引起窒息、内脏功能丧失等；冷烫的主要成分巯基乙酸有致癌作用。此外，冷烫剂中的氧化剂和还原剂会损害头发，破坏原有的蛋白质结构，使头发强度降低，容易断裂，干燥无光泽，并且会引起头皮和毛囊的炎症反应，久则毛囊萎缩。

因此，平时烫发不宜太频，烫发后须立即将头发及头部皮肤上的烫发药液清洗干净。

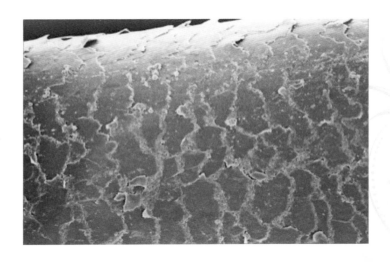

碱液对头发表面的影响

# 附录1
# 常见化妆品名词以及英文、日文和韩文

| 中文 | 英文 | 日文 | 韩文 |
|------|------|------|------|
| 卸妆液 | makeup remover | 化粧落とし / クレンジング | 클렌징 (1 차 ) |
| 洗面乳 | facial cleanser/face wash | 洗顔料 | 페이셜 클렌저 |
| 化妆水 | astringent | 化粧水 / ローション | 화장수 |
| 爽肤水 | toner/ toning lotion | さっぱり化粧水 | 스킨 / 토너 |
| 紧肤水 | firming lotion | 収歛化粧水 | 퍼밍 로션 |
| 柔肤水 | smoothing toner | しっとり化粧水 | 토너 / 수딩토너 |
| 乳霜 | cream | 乳液クリーム | 로션 / 크림 |
| 润肤乳 | moisturizers and creams | にゅうえき | 모이스처라이저 |
| 乳液 | lotion | 乳液 | 로션 |
| 日霜 | day cream | デイクリーム | 데이 크림 |
| 晚霜 | night cream | ナイトクリム | 나이트 크림 |
| 眼霜 | eye cream | アイ・クリーム | 아이 크림 |
| 精华液 | serum/essence | エッセンス | 세럼 / 에센스 |
| 去角质 | exfoliating scrub | スクラブ | 각질제거제 |
| 隔离霜 | sun screen/sun block | ファンデーション / 化粧下地 | 메이크업 베이스 |
| 面膜 | facial mask/masque | パック; マスク | 마스크 팩 |
| 保湿 | moisturizer | 保湿 | 보습 |
| 美白 | whitening | びはく | 미백 |
| 抗衰老 | anti-wrinkle | アンティーエイジング | 안티에이징 |
| 口红 | lip stick/lip color | リップスティック / 口紅 | 립스틱 |
| 吸油面纸 | oil absorbing tissues | あぶらとり紙 | 오일 페이퍼 |
| 粉底 | foundation make-up | ファンデーション | 파운데이션 |
| 防晒霜 | sun screen/sun block | 日焼け止め | 선크림 |

| 中文 | 英文 | 日文 | 韩文 |
|------|------|------|------|
| 腮红 | blush | チック | 블러셔 |
| 眼影 | eye shadow | アイシャドウ | 아이섀도우 |
| 睫毛膏 | mascara | マスカラ | 마스카라 |
| 粉底液 | liquid foundation | リキッドファンデーション | 리퀴드 파운데이션 |
| 粉饼 | pressed powder | プレストパウダー | 프레스드 파우더 / 팩트 |
| 遮瑕膏 | concealer | コンシーラ | 컨실러 |
| 粉底霜 | foundation cream | ファンデーションクリーム | 크림 파운데이션 |
| 保湿霜 | moisturizer | 保湿クリーム | 수분크림 |
| BB 霜 | Blemish Balm cream | BB クリーム | 비비크림 |
| 润唇膏 | lip balm | リップクリーム | 립밤 |
| 护手霜 | hand cream/moisturizer | ハンド・クリーム | 핸드크림 |
| 干性皮肤 | dry skin | 乾燥肌 | 건성피부 |
| 中性皮肤 | normal skin | 普通肌 | 중성피부 |
| 油性皮肤 | oily skin | 油性肌 | 지성피부 |
| 混合性皮肤 | combination skin | 混合肌 | 복합성피부 |
| 痘痘皮肤 | acne/spots skin | にきびの肌 | 여드름피부 |
| 黑眼圈 | dark circles under the eyes | くま | 다크서클 |
| 敏感皮肤 | sensitive skin | 敏感肌 | 민감성피부 |
| 洗发水 | shampoo | シャンプー | 샴푸 |
| 沐浴露 | wash/body cleanser | ボディーソープ | 바디 워시 |
| 护发素 | hair conditioner | コンディショナー / リンス | 헤어 컨디셔너 |
| 摩丝 | mousse | ヘアムース | 무스 |
| 发胶 | styling gel | ヘアスプレー | 헤어 스프레이 |
| 发蜡 | pomade | ワックス | 헤어 왁스 |
| 染发 | hair color | ヘアカラー | 염색 |
| 烫发 | perm | パーマ | 펌 |
| 冷烫水 | perm/perming formula | パーマ液 | 펌 / 퍼밍 포뮬러 |

# 附录2
## 常见的化妆品保湿、美白、防晒、抗衰老成分

| 类别 | 作用机理 | 常用成分 |
|---|---|---|
| 保湿 | 润肤剂 | 霍霍巴油、橄榄油、杏仁油、茶籽油、玫瑰果油、鳄梨油、蜂蜡、棕榈蜡、液体石蜡、凡士林、固体石蜡、硅油、角鲨烷、羊毛脂、硬脂酸丁酯、棕榈酸异丙酯、异硬脂酸异丙酯、肉豆蔻酸异丙酯 |
| | 保湿剂 | 甘油、丙二醇、丁二醇、山梨醇、聚二乙醇、透明质酸、海藻糖、神经酰胺、胶原蛋白、尿素、甜菜碱、吡咯烷酮羧酸钠、天然保湿因子 |
| 美白 | 抑制黑素合成 | 熊果苷、烟酰胺、曲酸、甘草根提取物、维生素 C 及衍生物、维生素 E、阿魏酸 / 阿魏酸乙基己酯、甘草酸二钾、乙酰壳糖胺 |
| | 剥脱剂 | 乳酸、果酸、亚油酸 |
| 防晒 | 物理防晒剂 | 二氧化钛、氧化锌、硫酸锌 |
| | 化学防晒剂 | 二苯酮 -3、二苯酮 -4、甲氧基肉桂酸辛酯、辛基三嗪酮、水杨酸辛酯、甲基苯亚甲基樟脑、氰双苯丙烯酸辛酯、阿伏苯宗 |
| 抗衰老 | 抗氧化类 | 白藜芦醇、谷胱甘肽、超氧化物歧化酶、维生素 E 及衍生物、维生素 C 及衍生物、β-胡萝卜素、维甲酸、黄酮类、多酚类 |
| | 促进合成类 | 褪黑激素、腺苷、细胞因子 |
| | 天然提取物 | 人参、红景天、川芎、胶原蛋白、弹性蛋白、珍珠、蜂王浆 |

# 参考文献

［1］Draelos ZD. The science behind skin care: Moisturizers ［J］. Journal of Cosmetic Dermatology. 2018，17:138-144.

［2］Draelos ZD. The science behind skin care: Cleansers ［J］. Journal of Cosmetic Dermatology. 2018，17:8-14.

［3］Kikuchi K, Tagami H. Dermatological Benefits of Cosmetics ［M］. Cosmetic Science and Technology: Theoretical Principle and Applications. Elservier. 2017, 115-119.

［4］Farris PK. Cosmeceuticals and Cosmetic Practice ［M］. Wiley Blackwell. 2014.

［5］Lin JY, Fisher DE. Melanocyte biology and skin pigmentation ［J］. Nature, 2007, 445(22). 843-850.

［6］刘玮. 化妆品过敏及其诊断问题 ［J］. 临床皮肤科杂志,2006，35（4）：260-262.

［7］何黎，李利. 中国人面部皮肤分类与护肤指南 ［J］. 皮肤病与性病,2009,4：14-15.

［8］刘玮. 皮肤屏障功能解析 ［J］. 中国皮肤性病学杂志. 2008，22(12): 758-761.

［9］Goodman G. Cleansing and Moisturizing in Acne Patients ［J］. American Journal of Clinic Dermatology.2009,10 Suppl,1: 1-6.

［10］耿琳，李斌，周敏.痤疮发病机制研究进展 ［J］.中国中西医结合皮肤性病学杂志,2004,3(3):186-189.

[ 11 ] Puizina-Ivic N. Skin aging ［ J ］. Acta Dermatoven APA. 2008, 17(2):47-54.

[ 12 ] 陈雄. 衰老与长寿的理论研究概要［ D ］.长沙：湖南师范大学.2006.

[ 13 ] Takahashi Y, Kuro-o M, Ishikawa F. Aging Mechnisms ［ J ］. PNAS 2000, 97(23): 12407‐12408.

[ 14 ] Verma S, Kumar N, Malviya R. Aging- Causes and Prevention ‐ A Review ［ J ］. Advances in Biological Research. 2014, 8 (3): 127-130.

[ 15 ] Helfrich YR, Sachs DL, Voorhees JJ. Overview of Skin Aging and Photoaging [ J ]. DERMATOLOGY NURSING. 2008, 20(3):177-183.

[ 16 ] Gragnani A, Cornick SM, Chominski V. Review of Major Theories of Skin Aging [ J ]. Advances in Aging Research. 2014, 3: 265-284.

[ 17 ] Issa MCA, Tamura B. Daily Routine in Cosmetic Dermatology [ M ]. Springer,2017.

[ 18 ] Marsh J, Gray J, Tosti A. Healthy Hair ［ M ］. Springer,2015.

[ 19 ] Blume-Peytavi U, Tosti A, David A. Hair Growth and Disorders [ M ], Springer, 2008.

[ 20 ] Robbin CR. Chemical and Physical Behavior of Human Hair [ M ]. Fourth Edition, Springer,2002.

[ 21 ] Trüeb RM, Tobin DJ. Aging Hair [ M ], Springer,2010.

[ 22 ] Tosti A, Juliano A, Bloch LD. Cosmetic Approach for Healthy and Damaged Hair ［ M ］. Springer International Publishing AG,2017.

[ 23 ] Haskin A, Okoye GA, Aguh C. Chemical Modifications

of Ethnic Hair［M］. Springer International Publishing Switzerland,2017.

［24］White JML, Groot ACD, White IR. Cosmetics and Skin Care Products［M］. Contact Dermatitis. Springer-Verlag Berlin Heidelberg,2011.

［25］崔浣莲，刘晓英，罗艳琳，等.华北、华东和华南地区人群皮肤颜色与年龄的关系［J］.中国皮肤性病学杂志.2013,27(2):204-207.

［26］甄雅贤，刘玮. 环境空气污染与皮肤健康［J］. 中华皮肤科杂志，2015，48(1):67-70.

［27］李立，白雪涛. 紫外线辐射对人类皮肤健康的影响［J］.国外医学：卫生学分册，2008, 35(4):198-202.

［28］侯素珍.夏季防晒及防晒霜的使用［J］. 日用化学品科学，2012, 35(8):43-50.

［29］王华英.保湿剂及保湿护理品的配方设计［D］.无锡：江南大学,2009.

［30］吴江山.不容忽视的奶癣［J］.儿童健康，2015，53.

［31］樊琳娜，贾焱，蒋丽刚，等.敏感皮肤成因解析及化妆品抗敏活性评价进展［J］.日用化学工业，2015, 45(7):409-414.

［32］董银卯，孟宏，马来记. 皮肤表观生理学［M］.北京：化学工业出版社.2018.

［33］叶剑清，丁聪. 如何挑选氨基酸洁面产品?［J］. 知识世界，2017, 40(6):48-49.

［34］王燕. 如何做到正确的面部清洁［J］. 按摩与康复医学，2012, 3(10):200.

［35］陶诗秀. 卸妆产品该如何选择［J］. 家庭医学，2016,46.

［36］冀连梅. 治愈尿布疹，干燥、清洁、护臀霜一个不能少［J］.生活

用纸. 2017,10:70-71.

[37] 朱冬梅, 杨世哲.浅谈紫外线与防晒化妆品［J］.中国化妆品：行业版，2010, 9:51-54.

[38] 齐显龙, 高剑, 刘岚. 护肤品咨询系列讲座(三)［J］. 中国美容医学，2009，18(2):240-241.

[39] Tomohiko Sano, Takuji Kume, Tsutomu Fujimura. The formation of wrinkles caused by transition of keratin intermediate filaments after repetitive UVB exposure［J］. Arch Dermatol Res. 2005, 296: 359 - 365.

[40] Simone Aparecida da França, Michelli Ferrera Dario, Victoria Brigatto Esteves. Types of Hair Dye and Their Mechanisms of Action［J］. Cosmetics. 2015, 2, 110-126.

[41] 高于洋. 多重功效的洗发水和护发素［J］. 日用化学品科学，2011，34(6): 12-14.

[42] 庄严，胡卫华，于利，等. 概述香波的调理与去屑技术［J］.中国洗涤用品工业，2012, 6:23-27.

[43] Seiberg M. Age-induced hair greying - the multiple effects of oxidative stress［J］. International Journal of Cosmetic Science，2013,35:532 - 538.

[44] Sarin KY, Artandi SE. Aging, Graying and Loss of Melanocyte Stem Cells［J］. Stem Cell Rev.2007,3:212 - 217.

[45] Robbins CR. Chemical and Physical Behavior of Human Hair［M］. Springer-Verlag Berlin Heidelberg，2012.

[46] Mollanazar NK, Koch SD, Yosipovitch G. Epidemiology of Chronic Pruritus: Where Have We Been and Where Are We Going?［J］. Curr Derm Rep，2015,4:20 - 29.

[ 47 ] Panhard S, Lozano L, Loussouarn G. Greying of the human hair: a worldwide survey, revisiting the '50' rule of thumb [ J ] . British Journal of Dermatology，2012,167: 865–873.

[ 48 ] Farage MA. Skin, Mucosa and Menopause: Management of Clinical Issues [ M ] . Springer-Verlag Berlin Heidelberg，2015.

[ 49 ] Preedy VR. Handbook of hair in health and disease [ M ] . Wageningen Academic Publishers，2012.

[ 50 ] Westgate GE, Botchkareva NV, Tobin DJ. The biology of hair diversity [ J ] . International Journal of Cosmetic Science, 2013,35: 329–336.

[ 51 ] Krutmann J, Bouloc A, Sore G. The skin aging exposome [ J ] . Journal of Dermatological Science，2017,85:152–161.

[ 52 ] 程伟，李恩泽.防头发老化及损伤的洗护发产品 [ J ] .日用化学品科学，2013，36(12):6-8.

[ 53 ] 曾跃平，王宝玺，方凯.生长期头发松动综合征 [ J ] . 临床皮肤科杂志，2008，37(5):313-315.

[ 54 ] 曹蕾，范卫新，王磊.烫发和染发对头发损害及护发素对其修护作用 [ J ] .临床皮肤科杂志，2008，37(6):351-353.

[ 55 ] 郭春林.头发的故事——身体的政治 [ J ] . 同济大学学报：社会科学版，2007，18(5): 90-99.

[ 56 ] 高飞，金锡鹏.物理性因素对头发的影响 [ J ] .日用化学品科学，2000，23(4):6-8.

[ 57 ] 开玉倩，汪礼忠，刘天宝.洗发水对头发的影响 [ J ] .河北化工，2013，36(4):27.

[ 58 ] 马黎.中国女性头皮敏感程度与症状评价研究 [ C ] .上海： 第四届

全国香料香精化妆品专题学术论坛，2015.

［59］陈浩民，杨延民. 美发剂对人体健康的影响［J］.西华师范大学学报：自然科学版.2009，30(4):426-434.

［60］高洁，朱文元，骆丹.染发的安全性［J］.临床皮肤科杂志，2008，38(5):340-341.

［61］李学敏，王瑛，白雪松.染发剂研发进展综述［J］.染料与染色，2016，53(2):17-25.

［62］严品华，阙庭志，赵珍敏.烫发、梳理和拉伸损伤对头发角蛋白的影响［J］.法医学杂志，2001，17(4):209-211.

［63］罗迪，周昊. 美发与化学［J］. 凯里学院学报，2013，31(3):41-45.

［64］倪正利. 人类毛发探秘［J］. 世界科学，2004，4:15-16.

［65］冰寒. 素颜女神：听肌肤的话［M］.青岛：青岛出版社，2016.

［66］骆丹. 只有皮肤科医生才知道——肌肤保养的秘密［M］.北京：人民卫生出版社，2017.

［67］宋丽暄，胡晓萍.关于护肤，你应该知道的一切［M］.南京：译林出版社，2016.

［68］贺孟泉，梁虹. 美容化妆品学［M］.北京：人民卫生出版社，2002.

［69］董银卯，李丽，孟宏.化妆品配方设计7步［M］.北京：化学工业出版社，2016.

［70］庆田朋子.护肤全书［M］.南京：江苏凤凰文艺出版社，2018.

［71］Elizabeth A. Grice EA, Segre JA. The skin microbiome［J］. Nature Reviews Microbiology，2011,9:244‐253.